枝番集落営農の展開と
政策課題

渡部 岳陽

筑波書房

目　次

序章　本書の目的と構成 ……………………………………………… 1

第1章　枝番集落営農の機能と意義
　　　　─秋田県平鹿地域S営農組合を事例として─ ……………… 5

1．はじめに……………………………………………………………… 5

2．経営安定対策導入に向けた平鹿地域における取組 ……………… 6

　（1）地域概況 ……………………………………………………… 6

　（2）集落営農組織設立に向けた推進体制の整備…………………… 6

3．S集落における集落営農組織設立の取組とその実態 …………… 8

　（1）集落営農組織の設立過程 ……………………………………… 8

　（2）S営農組合の内容と構成農家の実態 ………………………… 9

　（3）集落営農設立を進めるための工夫 …………………………… 9

　（4）集落営農組織に対する構成員の評価………………………… 12

　（5）スムーズな組織設立を可能とした背景……………………… 12

4．S営農組合のその後の展開 ……………………………………… 15

　（1）構成農家の変化 ……………………………………………… 15

　（2）土地利用の変化 ……………………………………………… 15

　（3）稲作作業の共同化及び受委託の変化 ……………………… 16

　（4）小括 …………………………………………………………… 18

5．S営農組合設立が構成員にもたらした効果と今後の展望
　　～アンケート分析より～………………………………………… 19

　（1）アンケートの対象と方法 …………………………………… 19

　（2）アンケート結果 ……………………………………………… 19

6．おわりに…………………………………………………………… 22

第2章　転作受託組織を出自とした枝番集落営農の発展・再編過程
―管理事業の評価と秋田県における取組の特徴― ……… 27

1．はじめに………………………………………………………… 27

2．宮城県加美郡の水田農業の特徴 ……………………………… 27

3．加美郡における集落営農組織の展開 ………………………… 30

（1）集落営農組織の設立 ……………………………………… 30

（2）集落営農組織の取組 ……………………………………… 31

（3）集落営農組織のその後の展開と到達点………………… 33

4．枝番集落営農展開下の農業構造変動 ………………………… 36

5．事例分析〜A集落における取組〜 …………………………… 39

（1）組織設立の経緯、事業内容と方針……………………… 39

（2）法人設立と運営体制 ……………………………………… 40

（3）法人経営の展開 …………………………………………… 41

（4）今後の展望 ………………………………………………… 43

6．おわりに………………………………………………………… 44

第3章　枝番集落営農の統合と農業構造変動
―佐賀県白石町を対象として― ……………………………… 49

1．はじめに………………………………………………………… 49

2．佐賀県白石町の水田農業の特徴 ……………………………… 50

3．白石町における集落営農の展開と農業構造変動 …………… 52

（1）白石町における集落営農の展開………………………… 52

（2）集落営農展開下における農業構造変動………………… 56

4．C法人の取組…………………………………………………… 59

（1）北有明地区の農業概況と集落営農の展開……………… 59

（2）C法人の設立と事業概況 ………………………………… 60

（3）C法人における構成員脱退の動向と地域農業の状況 ……… 62

5．おわりに ………………………………………………………………… 63
　　　（1）まとめと考察 ……………………………………………………… 63
　　　（2）今後の展望 ………………………………………………………… 65

第4章　枝番集落営農を主体とした持続的地域農業の展開条件
　　　　　―大規模集落営農T法人の事例から― ………………………… 67
　　1．はじめに ………………………………………………………………… 67
　　2．対象地域とT法人の経営概要 ……………………………………… 67
　　3．法人の特徴的な取組 ………………………………………………… 71
　　　（1）法人構成員の農業関与を促す仕組みとその狙い ……………… 71
　　　（2）大規模な団地的土地利用によるスケールメリットの追求 ………… 72
　　　（3）若手従業員の確保と育成 ………………………………………… 74
　　　（4）冷凍加工事業の導入 ……………………………………………… 75
　　　（5）新技術の導入 ……………………………………………………… 76
　　4．おわりに ………………………………………………………………… 77

第5章　「地域まるっと中間管理方式」を活用した枝番集落営農の再編
　　　　　―岩手県紫波町における取組を事例に― ……………………… 83
　　1．はじめに ………………………………………………………………… 83
　　2．「地域まるっと中間管理方式」の概要と普及状況 ……………… 86
　　　（1）まるっと方式の概要 ……………………………………………… 86
　　　（2）まるっと方式の普及状況 ………………………………………… 87
　　3．事例分析〜x集落における取組〜 ………………………………… 88
　　　（1）対象地域の農業概況とまるっと方式の導入過程 ……………… 88
　　　（2）法人の経営状況 …………………………………………………… 90
　　　（3）町行政のまるっと方式導入への支援体制 ……………………… 90
　　　（4）今後の展望 ………………………………………………………… 91
　　4．おわりに ………………………………………………………………… 92

終章　本書の要約と結論 ……………………………………………… 97

1．本書の要約 ……………………………………………………… 97

2．本書の結論 ……………………………………………………… 99

補論1　農地中間管理事業の実績と今後の展望 ……………………… 103

1．はじめに ……………………………………………………… 103

2．農地集積率の規定要因 ……………………………………… 104

3．管理事業の実績と特徴 ……………………………………… 107

4．おわりに ……………………………………………………… 115

（1）まとめ ……………………………………………………… 115

（2）今後の展望 ………………………………………………… 117

補論2　秋田県における農地中間管理事業の取組の特徴と課題 … 123

1．はじめに ……………………………………………………… 123

2．農地集積と管理事業実績の動向 …………………………… 125

（1）管理事業実施前後の農地集積の概況 …………………… 125

（2）管理事業の転貸先となる担い手の内容 ………………… 127

（3）管理事業実施による経営面積拡大と農地団地化の実態 ………… 128

（4）小括 ………………………………………………………… 129

3．秋田県における管理事業の推進体制と市町村における取組 … 130

（1）秋田県における管理事業の推進体制 …………………… 130

（2）秋田県内市町村における管理事業の実績と取組の特徴 ……… 132

（3）小括 ………………………………………………………… 138

4．管理事業の事例分析 ………………………………………… 139

（1）由利本荘市旧鳥海町平根地区〜圃場整備を絡めたケース〜 …… 139

（2）北秋田市向黒沢地区〜法人同士の換地を活用したケース〜 ……… 140

（3）小括 ………………………………………………………… 142

目　次

5．まとめと今後の課題 ……………………………………………… 142

（1）管理事業の評価と秋田県における取組の特徴………………… 142

（2）今後の課題 …………………………………………………… 143

引用文献……………………………………………………………… 147

図表一覧……………………………………………………………… 153

あとがき……………………………………………………………… 157

序章

本書の目的と構成

　2007年度から実施された品目横断的経営安定対策（以下、経営安定対策）に対応するために、2〜4ha程度の中規模農家が層をなして存在する東北地域や九州北部地域を中心に集落営農組織が多数設立された。例えば東北に着目すると、2005年から2015年において組織数、組織の集積面積が共に倍増しており（前者が1,624組織→3,306組織、後者が60,612ha→132,122ha）、集落営農組織は地域農業の有力な担い手となっている。ただ、経営安定対策導入に対応するために設立された組織の多くは、経理の一元管理を行い販売・購買名義を組織としつつ、枝番号を用意し構成員ごとに生産物の販売金額を管理する、いわゆる「枝番集落営農」と呼ばれるものであり[1]、構成員個々の営農が継続し、協業の実体に乏しいと指摘されてきた（第43回東北農業経済学会岩手大会実行委員会・岩手県農業研究センター、2008；渡部・中村、2008；農林水産政策研究所、2010b；橋詰、2012など）。また枝番集落営農は、「補助金の受け皿組織」（谷口、2007：p.27）、「ペーパー集落営農」（田代、2012：p.226）と評され、共同労働、栽培協定、機械共同利用といった「実質的作業共同化」（椿、2011：p.29）に移行できるか、さらに「真の農業経営体へと発展」（橋詰、2012：p.55）できるかが課題であるとも指摘されてきた[2]。枝番集落営農は、集落営農組織として過渡的かつ未熟な形態であり、協業実体のある「経営体」へ発展すべき存在としてみなされてきたといってよい[3]。

　確かに、枝番集落営農が単なる農家の集合体にとどまった場合、時間の経過とともに構成農家の高齢化は進行し、地域農業の担い手や農地の受け皿として機能することが難しくなることは容易に想像できる。とはいえ、枝番集落営農が単に経営体へ発展すれば良いかというと、一概にそうとも言い切れない。伊庭（2012：pp.48-54）は、集落営農において農業の効率化が進むほ

ど、組織構成員の「農作業への従事量が減少し、かつ、地域農業に対する関心が低下」（＝「非農家化」）し、その結果「組織員の世代交代が停滞する」という、いわゆる「集落営農のジレンマ」が生じることを指摘した。森本（2010：p.57）も、集落営農の発展が農家の組織への依存心を高め、農業や農地管理に対する「無関心層」を増やしてしまうという実態を明らかにした。このように、集落営農が経営体として発展することによって構成員の農業への関わりと関心が失われていくことは、農村に人々をつなぎとめてきた大きな理由がなくなることを意味する。結果、「農村人口の減少＝過疎化といった課題」（小林元、2016：p.44）がこれまで以上に深刻化する可能性も否定できない。もちろん集落営農がごく一部の経営層だけで運営する集団となって存続するかもしれないが、経営体に「純化」した集落営農は、採算の取れない農地の耕作を諦め、条件の良い農地のみを耕作する可能性が高い。そうなれば、良好な農村空間はどんどん狭まっていき、近年の「田園回帰」傾向にも水を差しかねない。

　枝番集落営農に期待される役割は、「地域農家の集合体」と「地域農業の経営体」という二面性を保持しつつ地域社会と地域農業の持続性を確保していくことにあると筆者は考える。そしてその実現のためには、「枝番」的枠組を維持し構成員の農業への関与を継続させるとともに、経営体としても存続していくという「二兎」を追うことが枝番集落営農には求められるのではないだろうか[4]。以上の問題意識をふまえて本書では、枝番集落営農の多様な展開過程の分析を通じて、枝番集落営農の持続的発展への道筋を見いだすとともに、それに向けた政策課題を提起することを目的とする。

　本書の構成は以下の通りである。

　第1章では、経営安定対策導入に対応するために前身組織がないところから枝番集落営農を設立した事例をとりあげ、組織設立がもたらした効果とともに、枝番集落営農が果たしうる役割と意義について考察を行う。

　第2章では、経営安定対策導入に対応するために、既存の転作組織をベースとして設立された枝番集落営農の事例をとりあげる。この事例では、設立

当初から転作部門を柱として構成員を巻き込んだ多彩な取組を展開してきたが、近年はそうした活動が衰退するとともに、構成員の減少や脱退という動きも見られる。その背景や今後の展望についても考察する。

第3章では複数の枝番集落営農が集まり、新たな枝番集落営農法人として統合・再編された事例をとりあげる。事例においては、統合後も旧組織を作業班として残すとともに、構成員個々の枝番が維持されている。その一方、統合後の法人からの構成員の脱退が相次いでいる。その背景や今後の展望について考察する。

第4章では、基盤整備事業後の大区画圃場を基盤に大規模法人経営体として設立された枝番集落営農の事例をとりあげる。この事例は今日に至るまで持続的に経営を発展させており、多様な経営展開の内容とそうした取組を可能としてきた要因について考察する。

第5章では、枝番集落営農を再編するにあたり「地域まるっと中間管理方式」（以下、まるっと方式）を活用して法人化に取り組んだ事例をとりあげる。近年全国各地で広がりを見せているまるっと方式の特徴は、特定農作業受委託の活用によって、既存の農業構造に手を触れることなくスムーズに法人化を目指せる点である。こうした取組を選んだ背景およびその効果について考察する。

終章では、各章を要約するとともに、枝番集落営農の持続的発展への道筋を見いだすとともに、それに向けて取り組むべき政策課題を提起する。

補論1では、第5章で触れるまるっと方式にも深く関連する農地中間管理事業の実績とその特徴について分析し、事業下における農地集積の動向を明らかにする。また、今後望まれる農地・担い手政策の方向性についても言及する。

補論2では、全国的に農地中間管理事業の実績が高かった秋田県内の取組の特徴を、事業実施において行政機関や関連団体がどのような役割を果たしたのか、そしてそれがどのように農地の新規集積の増加に寄与したのかに着目して、明らかにする。

注

1） 農林水産政策研究所（2010a：pp.6-7）によれば、「一部プール計算」を含め
た枝番集落営農の割合は、九州で73.7％、東北と関東・東山では62.5％と高い。
また、渡部（2012：p.29）によれば、秋田県における同割合は72.5％である。

2） 枝番集落営農を稲作と転作の作業実態と販売代金の精算方式から類型化した
のが平林・小野（2013）である。そこでは、「稲作と転作ともに構成員が作業
を個別に行い、販売代金の精算を枝番管理している（中略）組織として営農
実体がないもの」を「狭義」の枝番集落営農と位置づけている（平林・小野、
2013：p.23）。

3） 農政における集落営農の位置づけもほぼ同様である。品川（2022：p.43）は
「新政策以降（中略）自民党政権下において求められた集落営農の基本形は、
一貫して協業経営であり効・安経営、経営体であった」と言及している。

4） こうした取組の先行事例を分析した既往研究として、堀口（2015）、田代
（2016）、矢口（2019）、田代（2020）などが挙げられる。中でも、山形県内の
４事例を比較分析した田代（2020）では、枝番集落営農の機能と本質につい
て考察しているともに、今後についても一定の方向性が示されており、本書
を執筆する上でも大いに参考にしている。

4

第1章

枝番集落営農の機能と意義
―秋田県平鹿地域S営農組合を事例として―

1. はじめに

　秋田県では、2007年度からの経営安定対策の実施を前に、政策対象となる集落営農組織を駆け込み的に組織しようとする動きが広がり、多数の集落営農がごく短い準備期間で設立された[1][2]。集落営農数の推移を見ると、2006年5月1日から2007年2月1日の7ヶ月間で361組織から526組織へと165増加した（**表1-1**）。これはその前1年間の増加数26の実に6倍強である[3][4]。本章で対象とする秋田県平鹿地域においては、秋田県地域振興局、農協、市町村など関連諸機関が一体となったきめ細かな指導を行うとともに、経理ソフトの活用などにより個別完結型稲作経営が広範に残っている地域の実態に極力手を付けない形での集落営農組織の立ち上げを推進し、多数の枝番集落営農が設立された。

　こうした協業実体の乏しい枝番集落営農について角田（2009：p.86）は、

表1-1　集落営農数の推移

区分	集落営農数			増減数①	増減率①	増減数②	増減率②
	2005年 5月1日現在	2006年 5月1日現在	2007年 2月1日現在	（2005年→ 2006年）	（2005年→ 2006年）	（2006年→ 2007年）	（2006年→ 2007年）
都府県	9,667	10,124	11,771	457	4.7%	1,647	16.3%
東　北	1,624	1,792	2,170	168	10.3%	378	21.1%
秋　田	335	361	526	26	7.8%	165	45.7%

資料：農林水産省『集落営農実態調査報告書』（各年版）をもとに筆者作成。
注：本表における「集落営農」とは、「「集落」を単位として農業生産過程における一部
　　又は全部についての共同化・統一化に関する合意の下に実施される営農」を指す。
　　このため経営安定対策の対象となる集落営農組織とは必ずしも一致しない。

「地域農業の展開方向を考えていく「場」としての機能が、非常に重要な意義を持っている」と指摘し、また安藤（2011：p.39）は「今後の地域農業の発展の基礎を築いた」と積極的な評価を与えているものの、その機能について実態をふまえて詳細に分析を進めた研究は少ない。

　本章では、枝番集落営農の設立が進んだ秋田県平鹿地域における取組を紹介するとともに、共同的取組の素地がないところから枝番集落営農が短期間で立ち上がったS営農組合の事例をとりあげ、協業実体が乏しいと指摘されている枝番集落営農がどのような機能を果たしているのかを明らかにする。それをふまえて、枝番集落営農が今後果たしうる役割について、農業構造変動の「歴史的位相」（田畑、2013：p.89）もふまえながら考察する。

２．経営安定対策導入に向けた平鹿地域における取組

（１）地域概況

　秋田県平鹿地域は、県南部に広がる横手盆地に位置する複合農業地帯である。県内有数の米多収地帯であり「あきたこまち」の一大産地である一方、野菜、果樹、畜産も盛んである。スイカ、アスパラガス、栽培キノコ、リンゴ、ブドウ、花きの販売額は秋田県内にある８つの振興局管内でトップを占めている（2004年データ）。市町村としては、2005年10月に旧横手市、増田町、平鹿町、雄物川町、大森町、十文字町、大雄村、山内村が合併して誕生した横手市と重なっている。

（２）集落営農組織設立に向けた推進体制の整備

　秋田県においては、2006年度末目標として当初掲げられた集落営農組織の育成数300という数字をクリアしたが、中でも平鹿地域の目標達成率は278.9％（目標19に対して組織設立53）と県内でもずば抜けて高く、県全体の目標達成に大きく寄与した。以下では、平鹿地域における集落営農組織設立の取組について見ていきたい。

まず大きな特徴として挙げられるのが「平鹿担い手育成推進プロジェクトチーム」（以下、担い手プロ）の立ち上げであった。担い手プロは、県、横手市、農協（秋田ふるさと農協、おものがわ農協[5]）から出向した専任スタッフ計18名から構成されており（2006年5月時点）、関連機関・団体が連携し、認定農業者への誘導や集落営農の組織化・法人化を推進することを目的としていた[6]。重点活動項目として、①説明会や座談会による制度の更なる周知、②対象者のリストアップ、③対象者の確実な誘導、④経理一元化と規約・営農計画の策定指導があり、スタッフ間で隔週1度のペースで情報交換を行い、進捗状況を確認した。機関毎に役割を分担しており、県平鹿地域振興局は集落及び各指導機関との連絡調整窓口のほか、様々なバックアップ体制を敷いた。横手市は対象者のリストアップや巡回の段取りを行った。横手市農業委員会は法関係のフォロー、各農協は現場における話し合いの準備や指導を行った。秋田ふるさと農協では職員による集落担当制をしき、現場とのつながりを強化した。

　担い手プロの指導・支援のもと、平鹿管内では旧市町村毎に「ローラー作戦」と称する取組を実践し、管内農業集落を集落営農組織の立ち上げを優先して指導する順にA～Dまでランク付けを行った。ランクAは最優先で指導を行う集落であり、集落営農組織の設立に向け動き出している集落、あるいは2006年度中に設立を進めたい集落、ランクBは2007年度中の設立を目指す集落、ランクCは2008年度までの設立を目指す集落、ランクDは2009年度以降の設立を目指す集落あるいは設立が未定の集落であった。ランクの高い集落は、対策の説明会開催後に集落営農組織設立への機運が高まり、指導機関に積極的に指導・支援を要請してきた集落も含まれていた。ランクAには55カ所の集落が指定され、当初掲げられた19という育成目標を大きく上回った。担い手プロは、2006年度この55カ所に対して重点的に支援を行った。

　さて、このような推進体制のもとで設立された集落営農組織ではあるが、設立へ動き始めて1年も満たないうちに立ち上げられた組織がほとんどであった。2007年5月末日時点で73の組織が設立されたが（うち法人6）、経

営安定対策の対象となることを目的として規約作成や口座開設を行ったにすぎず、形だけの集落営農組織にとどまっているものも多かった。担い手プロとしても、性急な経営合理化、機械の処分の必要性を現場に要求するのではなく、集落における現状の営農形態を崩さずに集落営農組織を設立するよう指導したことがその背景にあった。それを実務的に可能としたのが、秋田県農協中央会が開発した集落営農経理支援ソフト「一元」の活用であった。

３．Ｓ集落における集落営農組織設立の取組とその実態

（１）集落営農組織の設立過程

　旧雄物川町平野部に位置するＳ集落は、農家戸数25戸、農地面積52.9haの水田地帯である（2006年時点）。スイカや枝豆といった複合部門も盛んであり、認定農業者も５名存在した。これまで集落内で組織を立ち上げて共同的に農業を営んだ経験はない[7]。

　Ｓ集落が集落営農組織設立へ動き始めた契機となったのは、2006年１月におものがわ農協において開催された説明会であった。この説明会には、農家構成員のうち主に70歳代が参加したため、兼業に従事しながら実際に農作業を行っている40歳代、50歳代の構成員には制度内容が正確に伝わらなかった。これに危機感を覚えた１人の農業者（後の集落営農組織代表）が発起人となり、兼業農家が集まりやすい日曜の夜に第１回の座談会が開催された（同年４月23日）。この座談会では担い手プロのメンバーが説明を行ったのち、参加者は集落の将来についてフリートーキングを行った。この場において担い手プロは、「個々の農家で現在所有している機械は、集落営農においてそのまま使っても構わない」と説明し、参加者の多くが集落営農組織の設立に対して前向きに考え始めた。

　その後、集落内農家にアンケート調査を実施したところ、15戸が集落営農組織の設立に賛意を示し、「2/3面積要件」[8]もクリアすることが分かった。彼らを中心に組織設立に向けて本格的に動き始め、第２回座談会が開催され

第1章　枝番集落営農の機能と意義

た（同年6月3日）。そこでは、特定農業団体設立に向けた意向を確認するとともに、役員8名を選出し今後の進め方を協議する場を設定した。その後2度の組織設立準備委員会を経て、組織規約を整理、組織の経営計画を策定し、同年7月16日にS営農組合の設立総会が開かれるに至った。

（2）S営農組合の内容と構成農家の実態

設立当初のS営農組合の内容は以下のとおりである。構成農家数19戸（集落内25戸中17戸、集落外2戸）うち認定農業者は2名、農地面積40.5ha（集落内農地の72％を集積）、品目別作付面積は、水稲33.5ha（19戸）、枝豆4ha（3戸）、スイカ2.5ha（4戸）、トマト0.1ha（1戸）など[9]。稲作部門の経理のみを一元化し、共同作業（実態は後述するように個別作業）を行うこととした。また、農用地利用改善団体としての資格を取得し、特定農業団体として設立された[10]。

S営農組合設立時の構成員一覧（S集落内農家のみ）を**表1-2**に示した。17世帯のうち同居人数5名以上の世帯が9世帯、三世代世帯が10世帯を占める。また、⑨番と⑬番を除く15世帯において農業に従事する50代以下の家族労働力が存在しており、農業に関わるマンパワーが豊富であるといえる。また、17世帯のうち11世帯においては、農業収入が家計の1割以上を占めており、農業は一定の収入源となっている。水田経営面積2ha以上層は基幹稲作作業機械をワンセット整備しており稲作作業を受託している農家が多い一方、それ以下の層は手持ちの機械では行えない作業を委託している。役員については、会計以外の役職については水田経営面積2ha以上かつ60歳未満の世帯主が務めている。

（3）集落営農設立を進めるための工夫

稲作機械をワンセット揃えた自己完結的経営が少なくない状況において、集落営農の設立を進めるために様々な工夫が行われた。

まず、各構成員が所有する農機具については、これまで通りそれぞれが利

9

表 1-2　S営農組合構成員一覧表（2006 年 8 月時点：S 集落内農家のみ）

農家番号	同居人数	三世代世帯	認定農業者	家族労働力					経営水田 (a)	水稲作付 (a)
①	7	○	○	M56①150	F56①140	M35③50	F33③50	F78④30	710	600
②	4	○	○	M56①180	F54①160	F31③	F28③	F85④	650	490
③	6	○		M65①150	F59①50	M33③60	F33③10	M34③10	330	234
④	3			F66①250	M67②200	M42③13			305	235
⑤	7			M44③60	F44①10	M18③10	M72④10	F69④10	296	273
⑥	6	○		72M①	47M③30	42F③			265	200
⑦	5	○		37M③110	59F③100	31F③10			210	160
⑧	4			52M③	50F③	21M③	19M③		200	200
⑨	3			64M①105	62F①				192	192
⑩	4	○		49F③	25F③	75M④			170	136
⑪	6	○		61M②150	60F①75	35M③20			135	135
⑫	6	○		74M①50	47M③42	47F③	69F④		102	72
⑬	3			65M③30	61F④20				65	65
⑭	3			67M①150	42M③	62F④			58	43
⑮	5	○		68M②120	61F②100	35M③50			55	50
⑯	4			55M③	50F③	83M④	80F④		47	22
⑰	2			70M①	56F①				27	27

資料：ヒアリング調査結果（2006 年 8 月実施）より筆者作成。

注：1）家族労働力の項目では、性別（M は男性、F は女性）、年齢、農業への関わり方、従事日数の順に表記している。農業への関わる方の番号は、①専業、②農業が主・他の仕事が従、③他の仕事が主・農業が従、④自給的・趣味的（年金暮らし等）である。また、下線部は世帯主、網掛けのセルは他出者である。

第1章　枝番集落営農の機能と意義

複合部門	稲作作業受託	稲作作業委託	トラクター（台）	田植機（台）	コンバイン（台）	集落営農役員	家計に占める農業所得、兼業収入、年金収入の構成比
枝豆 スイカ	450a（3作業）		1	1/2 [②]	1/2 [②]	組合長	4：5：1
枝豆 トマト			1	1/2 [①]	1/2 [①]	副組合長	9：1：0
トマト	72a（3作業）		1	1	1		4.5：4.5：1
スイカ			1	1/2 [⑦]	1/3 [⑧・他]		7：2：1
			1	1	1	推進員	2：7：1
スイカ ホウレンソウ	40a（全作業）		1	1	1	監事	3：5：2
	50a（田植）、100a（収穫）		1	1/2 [④]	1	推進員	3：7：0
	65a（全作業）		1	1/2 [他]	1/3 [④・他]	監事	3：7：0
	49a（全作業）		1	1	1		年金＜農業、兼業0
		136a（収穫）	1	1			兼業収入の割合高い
		135a（収穫）	1	1			3：6：1
枝豆 小豆		72a（3作業）					0：8：2
		65a（全作業）					0：5：5
スイカ		43a（収穫以降）	1	1			厚生年金大半
枝豆		50a（田植以降）	1				3：5：2
		22a（全作業）				会計	0.5：9：0.5
		27a（全作業）					不明

2）農機具の項目における［　］内は共同所有者を示す。「他」とはS営農組合に加入していない相手先を意味する。

用する形態を踏襲することにした[11]。経理一元化に関しては、経理ソフトを活用し「枝番管理方式」を採用した。具体的には、一括購入する農薬・肥料等の資材費や機械作業でかかる燃料費、修理費、減価償却費の個人負担額を明確に算出するとともに、米についてはS営農組合名義で一括販売することとなった。農家毎に乾燥・調製を行う形態はそのまま維持され、出荷量に見合った販売代金と各種助成金が各農家に支払われた。このように、個々の農家の営農実体を実質的に残す形で集落営農組織を設立することにした。また、組合長と副組合長は個別に取り組んできた枝豆や特別栽培米[12]の栽培をS営農組合として行いたいという将来像を描いていた。

（4）集落営農組織に対する構成員の評価

　続いて、設立直後における集落営農組織に対する構成員の評価についてみていく[13]。表1-3、表1-4に示すように、評価している点として挙げられるのは以下の４点である。第１に、農作業・農地を頼める主体ができた（助け合える）点である。この点については17名中12名の構成員が評価している。２番目に多かった意見が、コミュニケーションの向上・情報の交換である。組合長、副組合長の２人のリーダーもコミュニケーションを重視している。第３位がコスト削減（機械の有効活用）。この点は、組合長を除く全ての役員が評価しており、役員層は組織設立によるコスト削減効果に期待していると考えられる。第４に、対策の対象となり助成金を取得できる点である[14]。

　集落営農組織の問題点としては、設立されたばかりということもあり、特段の問題は発生していなかった。そうした中で懸念材料として挙げられていたのが、①組合未加入農家との関係[15]、②機械購入に関わる問題、③作業料金設定に関わる問題等であった。

（5）スムーズな組織設立を可能とした背景

　ここでS営農組合設立がスムーズに進んだ背景について確認しておくと、既存の個別完結型経営の維持を基本線とした担い手プロの手厚い指導・支援

第1章　枝番集落営農の機能と意義

表1-3　S営農組合構成員の集落営農組織への評価（S集落内農家のみ）

No.	評価できる点	問題点
①	集落内の結束力が強まった、集落全体としてメリットがある（個人経営としてのメリットは少ない）	特になし
②	仲間同士でコミュニケーションがとれる、機械共同所有によるコスト削減（大規模機械も購入可能）、本対策の対象となれる	なし
③	リタイア時に農地を任せることができる	労働出役などの偏りは注意すべき
④	皆で助け合える、コスト削減が可能、話す機会が増え人間関係が密になった	今はない
⑤	大型機械を共同で購入できる、自分が忙しい時に頼める、会話ができ農業の指導が受けられる、補助金を受け取れる	特になし
⑥	対策の対象となることによって助成金を受け取れる、農外の仕事が忙しい時に手伝ってもらえる、大規模機械の効率的利用ができる	機械購入時にもめるのでは？（平等に負担すると機械を持っている農家が嫌がりそう）
⑦	皆で協力して作業が可能（忙しいに時に頼める）、コストを削減できる	分からない
⑧	農外の仕事が忙しい時に頼める、リタイヤ後に頼める、転作などを協力できる、共同所有機械をあてにできる、農家同士の話し合い（情報交換）が行いやすくなった	プール計算が気に入らない、集落営農不参加の人との関係が心配
⑨	他の農家に作業をしてもらえる、話し合いの場ができる	分からない、本当は全て自己完結でやりたい
⑩	よく分からない	分からない
⑪	機械作業を頼める（自己保有の機械が古くなったので）	なし
⑫	何かあった時に頼める、自己所有の機械をそのまま利用できる、機械更新時の負担を軽減できる	作業料金がどのように設定されるのか不安
⑬	リタイア時に農地を任せることができる	収量を調べるのに手間がかかる
⑭	引退後に任せられる、話し合い（技術的相談）ができる	今はない
⑮	補助金がもらえる	まだ分からない
⑯	作業を頼める、定年後に組織に関わることができる（機械がなくても）、効率的経営が可能（機械含む）、情報収集しやすくなる	非加入者との関係が心配（彼らも後継者いないので後に混ざれるようにすべき）、農地・水対策で全員参加していきたい
⑰	話し合う機会が増えた	なし

資料：ヒアリング調査結果（2006年8月実施）より筆者作成。

13

表1-4　S営農組合構成員の集落営農への評価（整理版）

No.	役員	作業を頼める、農地の受け皿になる	コミュニケーションの向上、情報交換	コスト削減、効率経営化	政策対象となる、助成金の獲得
①	組合長		○		
②	副組合長		○	○	○
③		○			
④		○	○	○	
⑤	推進員	○	○	○	○
⑥	監事	○		○	○
⑦	推進員	○		○	
⑧	監事	○	○	○	
⑨		○	○		
⑩					
⑪		○			
⑫		○			
⑬		○			
⑭		○	○		
⑮					○
⑯	会計	○		○	
⑰			○		
合計		12	8	7	4

資料：ヒアリング調査結果（2006年8月実施）より筆者作成。

はもちろんであるが、集落営農設立を主導した2人のリーダー（組合長、副組合長）の存在が大きかった。彼らは認定農業者であると同時に、4ha面積要件もクリアしており、個人で対策へ対応することも可能であったが、当初から集落営農での対応を選択したのである。そうした選択の背後には、集落内のコミュニケーションを強め、互いの協力の中で集落の農業を発展させるべきという強い考えがあった[16]。こうした考え方は若い世代にも受け入れられた。また、見逃してはならないのが、何かと手間暇のかかる経理・事務を担当してくれる農協職員が集落内に存在したことである（後に組織に加入した⑳番）。

第1章　枝番集落営農の機能と意義

４．S営農組合のその後の展開

　本節ではS営農組合の設立以降の展開、具体的には設立後6年間における
変化について見ていく。

（1）構成農家の変化

　設立直後に、組合長の親戚である他集落の農家が加入した。その後、2010
年には組織の経理・事務を担当していた集落内の⑳番が加入、同年、設立時
に加入していた集落外の⑱番が脱退した。2011年には、設立直後に途中加入
した他集落農家が脱退した。結果、2012年11月時点で、集落内農家18戸、集
落外農家1戸、計19戸の組織となっている。

（2）土地利用の変化

　2012年度の構成員全体の経営農地面積は37.7ha。品目別作付面積は、主食
用米35ha（19戸）、枝豆1ha（5戸）、スイカ0.7ha（1戸）、トマト0.3ha（2
戸）などである。

　土地利用の点で設立時点から大きく変わったのが特別栽培米の普及である。
稲作所得向上を実現したい組合長と副組合長の強い熱意、農協からの指導も
加わり、組織設立後、構成員に徐々に普及した。設立当初は組合長と副組合
長の2名のみが特別栽培米に取り組んでいたが、2012年度は、構成員19名の
うち16名が特別栽培米、3戸が「あきたecoライス」[17]に取り組んでいる。

　しかしながら、当初組合長らが構想していた枝豆をはじめとする組織ぐる
みの複合化は実現しなかった。組合長と副組合長を除く構成農家の成人男性
のほとんどが農外に勤めており、そちらの都合を優先させたため、組織ぐる
みで労働集約的な作物に取り組むことが難しかったからである。稲作につい
ても、構成員個々が農外の仕事の都合に合わせて個別に作業を行っており、
組織ぐるみで行うには至っていない。その一方で、⑤番、⑥番、⑧番は秋田

15

県の助成措置「1集落1戦略団地推進事業」[18] を活用して共同で機械を導入し、新たに枝豆栽培に取り組むグループを立ち上げた。これは集落営農組織の活動を通じて知り合った仲間達のグループで、後述するように、彼らはS営農組合の担い手となりつつある。

　なお、農機具については、設立後、管理機2台とブロードキャスターを組織名義で購入している。いずれも、個別で作業を行う際に利用料金を支払っている。

（3）稲作作業の共同化及び受委託の変化

　続いて、稲作作業の共同化と受委託関係の変化について見てみよう（**表1-5、表1-6**）。まず、稲作作業の共同化については、組織設立以前から、構成員同士で機械経費節減を目的とした共同作業が行われており（①番と②番、④番と⑦番、④番と⑧番）、この関係は設立後も維持されている。また設立後は、先述した⑤番、⑥番、⑧番による共同作業グループが新たに生まれている。組織構成員間の稲作作業受委託の件数は、設立当初の6件から、2012年には15件に増加している。ただし、個々の構成員が自分の経営する水田の管理を自ら行い、そこから生産された米の販売代金や米生産や転作に関わる各種助成金が各構成員に支払われる「枝番管理」形式は設立時から維持されている[19]。

　設立後に組織内で生じた大きな出来事が⑨番のリタイヤである。⑨番の世帯主死去後、⑨番が所有する水田の耕作や⑨番が⑯番、⑰番から受託していた稲作作業を、⑪番が一旦引き受けたものの手に負えないということになった。2年目は集落外に住む⑨番の親戚の農家が引き受けた。しかし、管理作業がきちんと行われず、作業をきちんと行ってくれる主体が組織内で模索された。そして協議の結果、当時枝豆栽培に共同で取り組んでいた⑤番、⑥番、⑧番のグループが3年目から引き受けることになり、今日に至っている。

　組合長によれば「組織設立以前は水田の管理は農家個々が行い、特に協力関係はなかった。現在も管理作業は基本的に個々で行うが、緊急時には構成

第1章　枝番集落営農の機能と意義

表1-5　S営農組合構成員間の稲作作業受委託及び稲作共同作業関係
　　　　（2006年8月時点）

No.	経営水田	構成員からの稲作作業受託	構成員への稲作作業委託	構成員との稲作共同作業
①	710a	収穫（⑲）		全作業（②）
②	650a	収穫（⑲）		全作業（①）
③	330a	基幹3作業（⑫）		
④	305a			田植（⑦）、収穫（⑧）
⑤	296a			
⑥	265a			
⑦	210a			田植（④）
⑧	200a	全作業（⑬）		収穫（④）
⑨	192a	全作業（⑯⑰）		
⑩	170a			
⑪	135a			
⑫	102a		基幹3作業（③）	
⑬	65a		全作業（⑧）	
⑭	58a			
⑮	55a			
⑯	47a		全作業（⑨）	
⑰	27a		全作業（⑨）	
⑱	280a			
⑲	140a		収穫（①②）	

資料：ヒアリング調査結果（2006年8月実施）より筆者作成。
注：1）①〜⑰までがS集落在住の農家、⑱と⑲は集落外在住の農家である。
　　2）稲作作業委託、稲作作業受託、稲作共同作業の項目における括弧内は関係相手先の番号である。

員が他の構成員に電話で「（水路の）口を止めてくれ」と頼むようになった」とのことであり[20]、緊急時の管理作業を構成員同士で助けあう関係が創出されている様子がうかがえる。そうした構成員間で醸成された信頼関係を背景に取り組まれた行為として、2011年から始まった「環境保全型農業直接支援対策」への対応が挙げられる。急遽秋にライ麦を播こうと組合長が主な構成員に対して発案したところ[21]、急な呼びかけにもかかわらず、特別栽培米に取り組んでいる構成員が集まり、2日間で作業を終えることができた[22]。

17

表 1-6　S営農組合構成員間の稲作作業受委託及び稲作共同作業関係（2012 年 11 月時点）

No.	経営水田	構成員からの稲作作業受託	構成員への稲作作業委託	構成員との稲作共同作業
①	710a	収穫以降（⑭） 田植・収穫（⑲）		全作業（②）
②	650a	収穫以降（⑭） 田植・収穫（⑲）		全作業（①）
③	330a	基幹 3 作業（⑫）		
④	305a			田植（⑦）、収穫（⑧）
⑤	360a	全作業（⑬⑯⑰⑳）		全作業（⑥⑧）　注5
⑥	329a	全作業（⑬⑯⑰）		全作業（⑤⑧）　注5
⑦	210a			田植（④）
⑧	264a	全作業（⑬⑯⑰）		収穫（④） 全作業（⑤⑥）　注5
⑨	―			
⑩	170a			
⑪	135a			
⑫	102a		基幹 3 作業（③）	
⑬	65a		全作業（⑤⑥⑧）	
⑭	58a		収穫以降（①②）	
⑮	55a			
⑯	47a		全作業（⑤⑥⑧）	
⑰	27a		全作業（⑤⑥⑧）	
⑲	140a		田植・収穫（①②）	
⑳	50a		全作業（⑤）	

資料：ヒアリング調査結果（2012 年 11 月実施）より筆者作成。
注：1）役員は表 1-2 に示した設立当初から変更なし。
　　2）設立時から集落外農家⑱が脱退し、集落内農家⑳が加入した。
　　3）稲作作業委託、稲作作業受託、稲作共同作業の項目における括弧内は関係相手先の番号である。
　　4）⑨番の水田は利用権設定により⑤番、⑥番、⑧番の 3 名が連名で借りている。表では⑤番、⑥番、⑧番の経営水田面積に便宜上 1/3 ずつ振り分けている。
　　5）⑤番、⑥番、⑧番は⑬番、⑯番、⑰番から作業を受託した分と⑨番から借りた水田において稲作全作業を共同で行っている。それ以外の水田では個々で作業を行っている。

（4）小括

　S営農組合は、経営安定対策の導入に対応するために個々の営農形態をそのまま残す形で設立された枝番集落営農である。構成員のほとんどが兼業で

第1章　枝番集落営農の機能と意義

あり、そちらの都合を優先していたため、設立後も組織ぐるみで営農を行う形態へは発展しなかった。しかしその一方で、構成員同士の稲作共同作業関係や作業受委託関係が増えている。さらに構成員間の信頼関係の深まりを背景とした取組が見られるようになった。こうした展開をふまえると、S営農組合は、協業の実体が伴わなくても、農業者間の作業協力関係や信頼関係が創り出されている枝番集落営農であると考えられる。

　次節では、こうした捉え方の妥当性を検証するため、S営農組合の構成員自身が組織設立の効果をどのように把握しているのか見ていく。さらに、枝番集落営農の持つ機能や今後のあり方を探るため、構成員の後継者世代の考え方もふまえて分析を進める。

５．S営農組合設立が構成員にもたらした効果と今後の展望
　　～アンケート分析より～

（１）アンケートの対象と方法

　S営農組合の構成員の意向を探るため、2013年12月にアンケートを実施した。アンケート対象者は、組合長が組織運営に深く関与していると判断した構成員（世帯主）11名とその家に同居する20代から40代の後継者世代11名である。前者の回収率は91％、後者の回収率は82％である。

（２）アンケート結果

１）集落営農設立が構成員にもたらした効果

　表1-7は、集落営農の設立が構成員にもたらした効果について、各項目に対する回答を「当てはまる」2点、「やや当てはまる」1点、「どちらともいえない」0点、「あまり当てはまらない」−1点、「当てはまらない」−2点、の5段階評価で集計し、平均値をスコア化したものである。S営農組合構成員のスコアを見ると「構成員同士の情報の交換が多くなった」が1.40、「構成員同士で農作業を協力することが増えた」が1.10と他項目に比べて高い値

19

表1-7　集落営農設立が構成員にもたらした効果（スコア）

項目	S営農組合	（参考）N法人
構成員同士の情報交換が多くなった	1.40	0.72
構成員同士で農作業を協力することが増えた	1.10	0.72
農業収入が増えた	0.60	1.47
農作業が楽になった	0.30	1.33
機械資材購入に伴う金銭面での負担が減少した	0.20	1.78

資料：両組織へ行ったアンケート調査の結果より筆者作成。
注：1）アンケート実施時期は両組織ともに2013年12月。
　　2）回答者数はS営農組合が10名、N法人が17名である。
　　3）スコアとは各設問への回答項目を5段階評価し（「当てはまる（2点）」「やや当て
　　　　はまる（1点）」「どちらとも言えない・分からない（0点）」「あまり当てはまら
　　　　ない（-1点）」「当てはまらない（-2点）」）、その平均をとった値である。

を示しており、S営農組合構成員は、構成員同士の情報交換の機会や農作業
協力の機会の増加を組織設立の効果として認識していることが分かる。また
両項目については、比較対象として同様の質問を行った協業的集落営農組織
であるN法人[23]のスコアを大きく上回っており、枝番集落営農ならではの
効果と考えることができる。その一方、「農作業が楽になった」「機械資材購
入に伴う金銭面での負担が減少した」といった協業化によって生じる効果を
S営農組合構成員はそれほど感じていなかった。

　このように、枝番集落営農であるS営農組合の構成員は、構成員同士の情
報交換の機会や農作業協力の機会が増加した点を評価しており、このことは、
前節で示した組織設立後の構成員間の協力・信頼関係の深まりという実態を
裏打ちするものといえるだろう。

2）構成員及び後継者世代の今後の意向

　続いて、構成員及び後継者世代の組織に対する今後の意向を見てみよう。
　表1-8は構成員と後継者世代の今後の意向を**表1-7**と同じスコア法を用い
て示したものである。「今後営農組合において新しい活動を行う場合、参加

第1章　枝番集落営農の機能と意義

表1-8　S営農組合構成員および後継者世代の今後の意向（スコア）

項目	構成員	後継者世代
今後組合において新しい活動を行う場合、参加したい	0.90	0.89
今後組合において共同で水田を管理する場合、協力したい	0.90	1.00
今後組合に雇用の場づくりを期待する	0.50	1.33

資料：アンケート調査結果より筆者作成。

注：1）アンケート実施時期は2013年12月。

　　2）回答者数は組合員が10名、後継者世代が9名である。

　　3）スコアの算出方法は表1-7と同じ。

表1-9　親が農業引退した場合の自家稲作に対する後継者世代の意向

項目	回答者数
仕事を辞めて米作りに専念する	0
外で働きながら米作りをしていく	7
外で働きながら農地は維持していく（米作りは行わない）	0
組織や他人に貸す（すべて任せる）	2
農地を維持することは考えていない	0

資料：アンケート調査結果より筆者作成。

注：1）アンケート実施時期は2013年12月。

　　2）回答者数は9名である。

したい」「今後営農組合において共同で水田を管理する場合、協力したい」という意向についてのスコアは、構成員、後継者世代ともに1近くと比較的高い値を示している。現在は組織としての協業実体はないが、将来的には協業活動に対して積極的に関与したいという意向がうかがえる。また「今後営農組合に雇用の場づくりを期待する」という意向については、後継者世代のスコアが1.33と構成員の倍以上の値を示し、後継者世代がS営農組合に対して将来的な雇用の場として大きな期待を寄せていることが分かった。

　最後に、親が農業を引退した場合の自家稲作に対する後継者世代の意向について見てみよう。**表1-9**によれば、9人中7名の回答者が「外で働きながら米作りをしていく」と回答しており、大半の後継者世代は自家稲作に対す

21

る関心と意欲を維持していることが分かる。調査対象者となった後継者世代
11名のうち8名は兼業をしながら自家農業を手伝っており、その状況を今後
も継続したいと考えている。

　以上のように、構成員及び後継者世代の今後の意向から、彼らはS営農組
合の今後の組織活動への関心と期待を寄せていることが明らかとなった。ま
た後継者世代に着目すると、彼らはS営農組合に対して将来の雇用の場とし
て大きな期待を寄せている一方、親の農業引退後も自家稲作を継続し自分の
家の水田を守ろうという意識が高いことも明らかとなった。

6．おわりに

　本節では以上の分析結果をまとめるとともに、今日の農業構造変動下にお
ける枝番集落営農の意義と今後果たしうる役割について考察する。

　まず、経営安定対策の導入へ対応するために枝番集落営農として設立され
たS営農組合は、設立後も個々の営農形態を根強く残した状態で存続してい
た。構成員のほとんどが兼業であり、そちらの都合を優先していたため、設
立後も組織ぐるみで営農を行う形態へは発展しなかった。その一方、稲作共
同作業関係や作業受委託関係といった構成員間の結びつきが強化されており、
農業者間の作業協力関係や信頼関係を創り出していた。こうした効果が生じ
たことは構成員と彼らの後継者世代に対するアンケート結果からも検証され
た。

　さらに、S営農組合の構成員と後継者世代は、今後の組織活動へ関心と期
待を寄せていた。特に後継者世代は、自家稲作を継続し自分の家の水田を守
ろうという意識も高く、組合に対して将来の雇用の場として大きな期待を寄
せていた。枝番集落営農であるS営農組合は、自分の家の農業はできるだけ
自分で行い、できない部分を組織構成員である他の構成員に頼むという「自
作小農経営補完」（小林恒夫、2005：p.19）的な集落営農組織であり、その
下で各構成員は日常的に自家農業に従事していた。そしてそのことが結果的

22

第1章　枝番集落営農の機能と意義

に、構成員や後継者世代の自家農業や集落・地域農業への関心と関与を保持させることにつながり、さらに集落営農組織の今後の発展に対する期待や組織活動に関わろうという意識も生み出していたと考えられる。

　以上のように、枝番集落営農であるS営農組合は、いわゆる「集落営農のジレンマ」を回避しており、自家農業のみならず集落・地域農業の将来の担い手を確保するための「場」として機能していた。いささか逆説的ではあるが、協業実体が乏しい「自作小農経営補完」的な性格を有するからこそ、S営農組合はそうした役割を果たしえたといえる。すなわち、枝番集落営農は「集落営農組織として過渡的かつ未熟な形態であり、協業実体のある形態へ発展すべき存在」であることは否めないが、自家農業と地域農業に「持続性」を付与するための取組として、積極的な位置づけを与えることができるのではないだろうか。田畑（2013：p.110）は、昭和一桁世代のリタイヤとともに、「イエの農業の維持とムラの農業の維持」を図ろうとする昭和二桁世代の定年帰農の動きをセンサス分析から見出しており、その動きの中に「自家農業維持の機能をみることができる」と指摘している。枝番集落営農はこうした動きを今後も継続させるための「場」として役割を果たすことが可能であり、この点にこそ、今日における枝番集落営農の歴史的意義があると考えられる[24]。

　今後はこうした役割を実際に果たすために枝番集落営農を発展させることが必要であり、その手段として法人化を活用することも方向性の一つである。ただ、法人設立によって構成員の農業への意欲と関心が失われ、「集落営農のジレンマ」が生じては意味がない。例えば、「収入差プレミアム方式」[25]といった出来高払制を導入し、個々の構成員の努力が個々の手取りに反映される仕組みを組み込むことが重要となる。そして将来的には、組織として後継者世代の雇用機会を創り出していくことが枝番集落営農には求められる。

注

1 ）　秋田県においては、いわゆる集落農場化運動が1970年代前半から80年代中頃

まで実施され集落を単位とした生産組織が多数誕生した歴史をもつが、その後の低米価や米生産調整拡大といった状況下で、その多くが活動を停止するか、「稲単作・機械個別利用・兼業化」といった方向で組織を再編している。詳しくは阿部（2008）を参照のこと。

2） 当時、秋田県では集落営農組織を「１集落あるいは複数集落を単位として、対象地域の全農家のうち概ね過半の参加、または、対象地域の水田の相当部分を集積し、稲作基幹３作業を含む農業生産活動を実施する組織」と定義していた（秋田県「秋田県における水田作担い手の現状と集落営農組織育成の考え方」2005年12月、より引用）。ここでの「水田の相当部分」とは、①対象地域の稲作作業面積の過半または転作を含めた水田面積の過半、②集積面積で20ha以上、の２つを同時に満たしていることを指す。以上の定義に沿って、対象地域の全農家の過半が参加する「ぐるみ型組織」、過半は参加していないが地域の水田の相当部分を集積し耕作する「オペレーター型組織」の２種類に集落営農組織を分類した。経営安定対策導入に向けて具体的に対応する過程においては、対策の要件を満たし加入を目指して設立された組織を集落営農組織と捉えている。

3） 秋田県では2007年度に入ってからも集落営農組織の設立数が増え続けており、2007年５月末日時点で対策の対象となる組織は537存在している。その内訳は、法人が58（うち特定農業法人16）、特定農業団体が60、任意組合等が419である。

4） 秋田県における経営安定対策を契機として設立された集落営農組織の実態等について詳細に分析したものとして、椿（2017）を参照のこと。

5） おものがわ農協は、2012年４月１日付で、秋田ふるさと農協に吸収合併され、解散している。

6） 集落営農組織の設立を支援するために、関連機関は資金面での支援も行った。一集落営農あたり、横手市は20万円、秋田ふるさと農協は10万円、おものがわ農協は５万円の助成措置を講じた。

7） S集落では集落農場化運動に取り組まなかった。

8） 対策の加入要件の一つである「地域の農用地の2/3以上の利用の集積を目標とすること」（農林水産省、2005：p.2）を指す。

9） S営農組合構成員の多くは、単協レベルで実施している地域とも補償において拠出金を支払い、配分されている生産数量を超えて主食用米を作付けてきた。

第1章　枝番集落営農の機能と意義

10）S営農組合規約においては、農業生産法人化計画も明記されている。

11）形式的に農機具を組織で共同所有する形にするため、S営農組合が各農家から農機具を一旦借り上げ、その後貸与する形態をとった。また、今後機械が壊れた際には、個人では更新しないことを取り決めた。

12）特別栽培米とは、①農薬使用成分回数が慣行の5割以下、②化学肥料使用量を慣行の半分以下、③有機質肥料の使用、以上3点を満たして生産された米である。

13）構成員への聞き取り調査は2006年8月に実施した。

14）2007年2月に平鹿管内にある54の設立済集落営農組織に対してアンケート調査を実施した。回収数は39、回答率は72%である。集落営農組織の効果に関する設問では、第1位が「機械の有効利用」（86.8%）、第2位が「集落のコミュニケーション活発化」（73.7%）、第3位が「個人で機械更新しなくても良い」（71.1%）、第4位が「自分が農業をやめても安心」、「新しい取り組みにつながる」（共に50.0%）であった。これらの結果は概ね、S営農組合構成員の集落営農への評価と一致する。

15）この問題は心情面とは別に、やや複雑な側面を有している。本論で、組合長と副組合長が将来的にS営農組合として特別栽培米生産に取り組みたい意向を持っていると記述したが、同時にこの取組を農地・水・環境保全向上対策における営農活動支援の対象にしたいとも考えていた。しかし現状のままでは組合非加入農家の取り組んでいる特別栽培米については、「一定のまとまり」に欠けているため対象にならない可能性があった。実際には、同対策にはS集落を含むT地区環境保全会で取り組むこととなり、2007年度は1階部分の面積は398.08haであった。特別栽培米についてはS営農組合の取組部分のみが同対策の2階部分の対象となった（面積は17.35ha）。

16）2006年8月に行ったヒアリングにおいて、組合長は「これからの時代は1人で（農業を）やっていてもどうしようもない」と回答している。

17）あきたecoライスとは、農薬使用成分回数が慣行栽培の5割以下で生産された米である。

18）秋田県において、収益性の高い集落営農組織づくりを目的として、2007年度から3カ年の予定で実施された施策であり、複合作物の「もうかる経営実践圃」を設置し、その経営・技術実証等の支援を行った。

19）参考までにS営農組合の2011年損益計算実績の概要を以下に示す。総収入額は約5.5千万円、うち米売上が3.6千万円、米戸別所得補償交付金等の助成金が

25

1.4千万円である。総収入額から肥料・農薬費等の経費や地域とも補償拠出額を差し引いた残額約4.2千万円が各構成員に出荷の実績に応じて分配された。なお、米戸別所得補償にはS営農組合として加入していた。

20）2012年11月に行った組合長へのヒアリング調査より。

21）当該対策の交付金を受け取るために、特別栽培米を栽培していた水田にカバークロップを作付けることが目的だった。

22）なお、任意組織であるS営農組合の法人化については、組合長への聞き取りによれば、稲作のみ取り組む法人を立ち上げるという構想はあるものの、具体化には至っていないとのことであった（2013年10月に行った組合長へのヒアリング調査より）。

23）N法人は2003年11月に設立され、2013年時点で構成員数27名、パート等53名、経営面積は約30haの集落営農組織である。直播栽培を導入し稲作部門で効率化を図り、設立と同時に導入し、拡大した野菜部門でパートを通年雇用し、地域における雇用創出に成功している。農作業は組織名義で全ての農機具を所有し、それを用いて役員とパートで農作業を行っており、協業化が進んでいる組織である。N法人の詳細な実態については渡部（2013）を参照のこと。

24）もちろん枝番集落営農の全てが、S営農組合の事例のように上手く機能し、それを画期として発展していくわけではない。枝番集落営農として「化学反応」を起こさない組織もあれば解散していく組織も存在する。その相違が何によってもたらされるのか、その解明があって初めて「場」として機能する枝番集落営農の積極的な位置づけが与えられるが、その点については今後の課題としたい。

25）「収入差プレミアム方式」とは森（2012）が提唱する手法であり、出来高払制で圃場を管理する方式である。具体的には、構成員である地権者が圃場管理作業を分担し、水管理や肥培管理作業に対して作業委託料を受け取るが、その際に自分の管理した圃場において収穫された作物の収量や品質に応じたプレミアム分の金額が委託料に上乗せされる。作物の売上高や使用する資材等については構成員に枝番をつけて管理されることから、枝番集落営農に一般的にみられる「枝番管理方式」と違いはほとんどなく、「収入差プレミアム方式」の導入は既存の枝番集落営農にとって比較的容易であると考えられる。

第2章

転作受託組織を出自とした枝番集落営農の
発展・再編過程
―宮城県加美郡を対象として―

1．はじめに

　宮城県は2005年から2010年にかけて、経営安定対策に対応するため多くの集落営農組織が設立され、これらの多くが転作受託組織を出自とする枝番集落営農であることも知られている（安藤、2008：pp.70-71）。2015年時点では900の集落営農組織が存在し、その現況集積面積は33,794ha、組織構成農家数は34,352戸であった。これらはいずれも全国で最も高い数字であり、宮城県は全国で最も集落営農組織が普及した地域といっても過言ではない。

　本章においては、宮城県内でも集落営農組織の利用集積率が極めて高い加美郡を対象に、転作受託組織を出自とした枝番集落営農の設立動向やその実態、今日のプロセスやその後の地域農業の展開、そして構造変動の実態を分析する。

2．宮城県加美郡の水田農業の特徴

　宮城県加美郡は仙台平野の北西端に位置する水田地帯であり、地方自治体では色麻町と加美町が該当する。また、当地域はそのままJA加美よつばの管轄地域と重なっている。JA加美よつばに合併するかなり前から、生活クラブ生協と連携しており、生協組合員との交流の歴史も長い。後ほど詳しく説明するように、当地域では農協主導でほぼすべての集落で集落営農組織が設立された経緯がある。

　加美郡における農業の主軸は米と畜産（肉用牛や乳用牛）である。**表2-1**

表 2-1　宮城県と加美郡における農業産出額（2019年）

単位：億円

		合計	耕種計	うち米	うち野菜	うち果実	畜産
宮城県	実数	1,932	1,194	839	265	27	736
	構成比	100.0%	61.8%	43.4%	13.7%	1.4%	38.1%
加美郡	実数	176	70	56	9	1	106
	構成比	100.0%	39.6%	31.9%	5.2%	0.5%	60.4%
色麻町	実数	98	23	19	3	0	75
	構成比	100.0%	23.6%	19.1%	3.2%	0.4%	76.4%
加美町	実数	78	47	37	6	1	31
	構成比	100.0%	60.0%	48.1%	7.9%	0.6%	40.0%

資料：農林水産省『生産農業所得統計』より筆者作成。

表 2-2　JA 加美よつばにおける組合員部会組織の概況

	稲作	和牛改良組合	ほうれん草	ねぎ	キャベツ	和牛ヘルパー	玉ねぎ	加工野菜
構成員数	292	269	87	75	56	42	36	33
割合	4.6%	4.2%	1.4%	1.2%	0.9%	0.7%	0.6%	0.5%

資料：加美よつば農業協同組合『2021 年度 JA 加美よつばディスクロージャー』より筆者作成。
注：1）「割合」は正組合員数 6,366 名（2020 年度）に占める割合である。
　　2）データは 2021 年 3 月 31 日現在のものである。
　　3）構成員数が 30 名以下の部会記載は省略した。
　　4）キャベツ部会の構成は組織 7、個人 49 である。

のように、両者で農業総産出額の約 9 割を占めている[1]。JA加美よつばの部会組織編成をみると（**表2-2**）、稲作、和牛などの構成割合が高いが、部会活動への参加率はそれほど高くない。この点は第 3 章で扱う白石町とは対照的である。

　次に農業経営体について。加美郡では宮城県の中でも農業で生計を立てる農家が数多く存在している地域である。表2-3より、主業経営体は個人経営体の25.0％、うち65歳未満専従者ありも20.9％を占め、両者ともに宮城県の値を上回っている。

　また、加美郡においては2010年前後まで転作率が 3 分の 1 であったため、

28

第 2 章　転作受託組織を出自とした枝番集落営農の発展・再編過程

表 2-3　宮城県と加美郡における主副業別農業経営体数（個人経営体：2020年）

		合計	主業	うち65歳未満農業専従者あり	準主業	うち65歳未満農業専従者あり	副業的
都府県	実数	1,006,776	208,945	180,172	141,690	55,467	656,141
	構成比	100.0%	20.8%	17.9%	14.1%	5.5%	65.2%
宮城県	実数	28,714	5,204	3,938	5,100	1,749	18,410
	構成比	100.0%	18.1%	13.7%	17.8%	6.1%	64.1%
加美郡	実数	912	228	191	166	64	518
	構成比	100.0%	25.0%	20.9%	18.2%	7.0%	56.8%
色麻町	実数	302	80	67	57	31	165
	構成比	100.0%	26.5%	22.2%	18.9%	10.3%	54.6%
加美町	実数	610	148	124	109	33	353
	構成比	100.0%	24.3%	20.3%	17.9%	5.4%	57.9%

資料：農林水産省『農林業センサス』より筆者作成。

表 2-4　農業生産組織等への参加状況（販売農家：2005 年）

		販売農家数	農業生産組織に参加した実農家数	参加している組織（複数回答）			オペレーターとして従事
				機械・施設の共同利用組織	委託を受けて農作業を行う組織	協業経営体	
都府県	実数	1,911,434	280,050	212,904	93,127	26,875	60,386
	割合	100.0%	14.7%	11.1%	4.9%	1.4%	3.2%
宮城県	実数	62,731	7,147	4,369	2,901	1,455	2,233
	割合	100.0%	11.4%	7.0%	4.6%	2.3%	3.6%
加美郡	実数	3,132	692	498	363	57	188
	割合	100.0%	22.1%	15.9%	11.6%	1.8%	6.0%
色麻町	実数	967	303	281	172	24	63
	割合	100.0%	31.3%	29.1%	17.8%	2.5%	6.5%
加美町	実数	2,165	389	217	191	33	125
	割合	100.0%	18.0%	10.0%	8.8%	1.5%	5.8%

出所：農林水産省『農林業センサス』より筆者作成。

管内の水田面積約7,500haのうち主食用米が5,000ha、転作が2,500haというのが基本的な作付実態であった。圃場整備の進展とともに、水稲と大豆のブロックローテーションが広く行われるようになり、転作大豆を専門的に担ったのが、地域の専業的農家で構成される転作作業組織であり、稲作は個別経営、団地転作は作業組織が担うというのが基本的な水田農業の姿となった[2]。表2-4に示すように、加美郡では農業生産組織に参加する割合が都府県や宮城県に比べて高めであり、そうした生産組織（多くは転作受託組織）を母体に集落営農が設立されたケースも多かった。

３．加美郡における集落営農組織の展開

（１）集落営農組織の設立

　加美郡の農業に激震を与えたのが、経営安定対策であった。当時、加美郡の農家の平均経営面積は1.5haであり（農業協同新聞、2012）、このままでは政策対象から外れてしまう農家が続出してしまうという危機感を背景に、農協では集落営農組織づくりを目指した学習会を2006年度に開催した。そこでは農協職員、役場職員、関係団体職員、今後地域農業の中核になると予想された農業者を集めて、年間12回程度のゼミを開催した。その議論の中で、いわゆる「ぐるみ型」集落営農組織の設立が有効な方向性として提起され、農協は行政と連携して管内各集落での説明会を開催した。その結果、75ある基礎集落のうち、酪農や畑作中心の地域を除き70の集落営農組織が誕生した。ほぼ全ての組織が稲作部門を枝番管理とする任意組織であった。転作部門については組織に取り込むケースもあれば、既存の転作組織を残したケースもあった。これにより、7,500haの水田の８割を集落営農組織がカバーすることになった。制度導入の上で課題となった経理の一元化については、農協がその事務を引き受ける体制を構築した。また2007年度初めには、役場、農業委員会、土地改良区、農業共済等の農業関係団体が農協敷地内の１か所に集まり、すべての相談に応じる体制を整えた。さらに、農協の全職員が出身集

第2章 転作受託組織を出自とした枝番集落営農の発展・再編過程

落に張り付き、その集落の事務的な作業に対応する担当制をしいた。

（2）集落営農組織の取組

表2-5の年表が示すように、農協では集落営農組織設立に際して加工用野菜づくりや飼料用米の導入を提案してきた。特に飼料用米の導入は地域農業の土地利用方式を劇的に変えたといってもよい。図2-1に示すように、飼料用米や稲WCSといった新規需要米は作付面積を一貫して増加させているが、このような取組が進んできた背景には、地力が高い農地において大豆を栽培

表2-5 JA加美よつばとA集落における出来事・取組の推移

年	JAの取組・出来事	A集落の取組・出来事
1975	正月用のしめ飾りから生活クラブ生協との連携開始（当時は中新田農協）	
1998		圃場整備事業完了（水稲と大豆とのブロックローテーション開始）
1999	JA加美よつば設立	
2000	・加美町が民間の食品加工工場を誘致 ・加工用白菜栽培の開始	
2002	加工工場への白菜本格出荷開始	
2006	・集落営農組織づくりを目指した学習会の開催 ・70の集落営農組織設立 ・加工用野菜づくりの提案	加工用白菜栽培開始
2007	・集落営農組織支援体制の整備 ・飼料用米実験事業の開始	・a営農組合設立（構成員75戸） ・構成員全員がエコファーマーを取得（減農薬減化学肥料米栽培開始） ・都市農村交流事業開始
2008	飼料用米本格生産開始（平田牧場と契約）	飼料用米栽培開始（大豆等との固定転作団地における輪作体系）
2009	加工用野菜の契約取引品目の拡大（トマト、人参、大根、キャベツ等）：生活クラブ生協など	
2010	白菜・キャベツ用に貯蔵冷蔵施設を整備（農協米倉庫を改装）	・加工用トマトの導入（200万円の赤字） ・法人化に向けた勉強会を開催
2012	・飼料用米専用カントリーエレベーター稼働 ・キャベツ集出荷施設を整備	「農事組合法人a」として、営農組合を法人化（構成員35戸）
2015		法人構成員31戸

資料：聞き取り調査結果、後藤（2013）、小高（2016）、季刊地域編集部（2012）、農業協同新聞（2012）をもとに筆者作成。

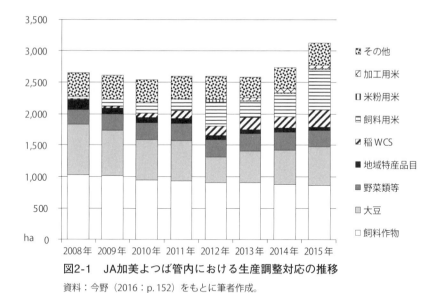

図2-1　JA加美よつば管内における生産調整対応の推移
資料：今野（2016：p.152）をもとに筆者作成。

すると窒素過多になり、大豆作付け後の圃場で水稲を栽培すると倒伏するという、従来行われていた稲と転作大豆のブロックローテーションが抱える問題が存在した。転作団地を固定化し、飼料用米と大豆を交互に作付けることができれば、①多肥型の飼料用米は無肥料低コストで生産が可能、②主食用米は好条件の水田で連作可能、③転作大豆の収量向上も可能、といったメリットが生み出せる（図2-2）。2012年時点で18の集落営農組織が飼料用米生産に取り組むようになった。飼料用米は従来から付き合いのあった生活クラブ生協を通じて山形県の平田牧場と契約生産を行っており、2012年には飼料用米専用のカントリーエレベーターも稼働した。

　飼料用米導入を通じた土地利用方式の改善の一方で、集落営農組織構成員の参加・関わりを促すために農協が提案したのが、加工野菜の導入である。表2-5に示すように、契約先を確保した上での生産振興となっており、そのために必要な貯蔵冷蔵施設や集出荷施設も農協が整備し、集落営農組織における収益確保を目指した生産体制を農協が積極的に整備した。

　結果、2015年時点で、管内70ある集落営農組織の約半数が主食用米以外の

第2章　転作受託組織を出自とした枝番集落営農の発展・再編過程

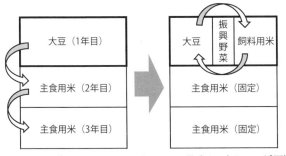

図2-2　ブロックローテーションの見直し（イメージ図）
資料：今野（2016：p.150）をもとに著者作成。

飼料用米や加工野菜生産、グリーンツーリズムなどに取り組むようになった。

（3）集落営農組織のその後の展開と到達点

以下では、対策に対応するために設立された70の集落営農組織のその後の展開を確認し、2021年時点における到達点を確認する。

まず、70の集落営農組織は設立時点では全て任意組織であったが、58組織（83％）は任意組織として存続し、10組織（14％）は法人化、2組織は解散している。また、任意組織として存続した58組織のうち4組織においては構成員の一部が脱退し、別組織（法人）を設立している。結果、70の集落営農組織は72の組織として存続・再編されていることになる。この72組織を耕作面積規模別で見たのが表2-6である。これによれば、50〜100ha規模が49％の35組織、100ha以上が17％の12組織と、約3分の2の組織が50ha以上の耕作面積となっている。また、これら72組織で4,724haを耕作しており、この面積が管内の水田面積7,500haに占める割合は63％である。

続いて、集落営農組織の構成員数の変化について[3]。70組織が設立された時点における組織構成員の合計は2,323名（①）であった。2021年時点で任意組織として存続している58組織における構成員合計は1,477名（②）である。1組織当たり構成員数は、設立時の33.2名から2021年の25.5名へ8名弱減少している[4]。ちなみに、14法人の構成員合計は294名（③）であり、初期に

33

表 2-6　対策に対応して設立された 70 の集落営農組織の現状（2021 年時点）

	10〜 20ha	20〜 30ha	30〜 50ha	50〜 100ha	100ha 以上	合計	（参考） 耕作面積
任意組織	2	6	12	30	8	58	3,736ha
法人	1	0	4	5	4	14	989ha
計	3	6	16	35	12	72	4,724ha
（割合）	4%	8%	22%	49%	17%	100%	

資料：JA 加美よつば提供資料より筆者作成。

表 2-7　枝番集落営農構成員数の変化（設立時〜2021 年）

	組織数	割合
増加	1	1.4%
変化なし	6	8.6%
減少率 10%未満	5	7.1%
減少率 10〜20%	18	25.7%
減少率 20〜30%	21	30.0%
減少率 30〜40%	11	15.7%
減少率 40〜50%	5	7.1%
減少率 50%以上	1	1.4%
解散	2	2.9%
合計	70	100.0%

資料：JA 加美よつば提供資料より筆者作成。
注：一部構成員で別法人を立ち上げたケースについても、元の組織
　　の構成員数としてカウント。

設立された集落営農組織から離脱した構成員数は552名（＝①−②−③）、率
にして23.8％である。集落営農設立時の構成員の４分の１が組織から抜けた
ことを意味する。設立時から2021年までの構成員数の変化率別の組織数およ
び割合を示した**表2-7**より、９割以上の組織で構成員が減少しており、減少
率20％以上の組織が過半を占めていることが分かる。構成員減少の背景には、
構成員の離農や個別志向農家の組織からの脱退が存在する[5]。

　表2-8は、枝番集落営農を出自とした14の法人の概況を示している。最も
古い時期で2012年、新しいものでは2020年に設立されているが、2015年以降
に法人化したものがほとんどである。14法人のうち13法人が農事組合法人で

表2-8 加美郡における集落営農法人の設立状況と経営動向

法人名	設立時期	形態	法人化タイプ	構成員数 前身組織設立時	構成員数 法人設立時	構成員数 2021年末時点	耕作面積 (2021年：ha)	作付面積割合（作業受託を含む）：2021年 主食用米	非主食用米	大豆	飼料作物	園芸	そば・えごま
a	2012年	農事	ぐるみ	55	35	27	79.8	65.5%	20.6%	22.3%	-	-	-
b	2015年	農事	ぐるみ	33	33	32	74.0	34.5%	30.9%	36.2%	0.3%	1.4%	0.8%
c	2015年	農事	ぐるみ	8	8	8	12.1	-	100.0%	-	-	-	-
d	2015年	農事	ぐるみ	30	26	25	132.7	71.1%	11.9%	1.8%	20.4%	0.0%	0.0%
e	2015年	農事	ぐるみ	25	22	22	62.9	59.9%	15.9%	15.6%	1.3%	6.5%	-
f	2015年	農事	一部	58	11	11	47.5	57.3%	26.1%	8.6%	-	2.7%	3.6%
g	2016年	農事	一部	32	12	13	69.8	30.8%	16.0%	38.3%	12.3%	3.2%	0.9%
h	2017年	農事	ぐるみ	60	45	43	103.4	64.7%	20.2%	-	18.1%	0.0%	0.3%
i	2017年	農事	ぐるみ	37	26	26	107.5	55.5%	2.4%	18.8%	23.9%	-	0.0%
j	2018年	農事	ぐるみ	49	36	37	106.7	59.0%	16.4%	-	16.3%	0.5%	7.3%
k	2019年	株式	一部	71	-	-	57.1	62.2%	44.7%	31.5%	-	-	-
l	2020年	農事	一部	51	5	5	46.4	21.6%	40.5%	37.7%	-	-	-
m	2020年	農事	ぐるみ	31	19	19	43.0	59.3%	2.3%	34.9%	-	1.6%	1.2%
n	2020年	農事	ぐるみ	21	16	16	45.6	63.8%	23.5%	4.2%	-	1.1%	0.9%

資料：JA加美よつば提供資料より筆者作成。

注：1）「形態」の「農事」は農事組合法人、「株式」は株式会社である。
2）「法人化タイプ」の「ぐるみ」は前身組織を母体に法人化したタイプ、「一部」は前身組織の一部構成員が法人を設立したタイプである。
3）「非主食用米」には、飼料用米、米粉用米、WCS、輸出用米、加工用米を含む。
4）作付面積割合は作付面積を耕作面積で割って算出。作付面積には作業受託面積も含まれるため割合を足して100%を上回る場合もある。

あり、１つが株式会社である[6]。b法人とc法人の２つを除き、法人設立時に前身組織からの構成員が減少している。耕作面積は最小で12.1ha、最大で132.7haとなっており、100ha以上規模の法人が４つ存在している。作付状況についてみると、14ある全ての法人において非主食用米を作付けており、11法人が主食用米、非主食用米、大豆を作付けている。園芸作の面積割合は概ね小さい。また、耕作面積100ha超の法人においては、飼料作物の面積割合が高い。飼料作物については固定団地対応が多く、いわゆる「５年１回の水張り要件」への対応に苦慮している。

表出はしていないが、14法人のうち11法人において、ライスセンター、種子センター等の施設を保有している。また、13ある農事組合法人のうち11法人は法人化後も稲作部分の枝番管理を継続した一方、b法人とf法人では稲作における共同作業・プール計算体制へと移行している。さらに2015年以降に設立された13法人のうち11法人において、法人設立の際には農地中間管理事業を活用し、地域集積協力金や経営転換協力金が交付されている。

４．枝番集落営農展開下の農業構造変動

以上のように、加美郡では対策導入に対応する形で多くの枝番集落営農が設立され、利用集積が進み、その後一部の組織で法人化が行われた。それではこの間、加美郡の農業構造はどのように変化しただろうか。

表2-9は、経営耕地規模別の農業経営体数と経営耕地面積規模別面積の推移をみたものである。まず経営体数について。2005年から2010年にかけて（以下、前期）は、３ha未満層、３～５ha層、５～10ha層が急減しており、20ha以上層が増加している。これは新たに設立された枝番集落営農の中に10ha未満層の多くが取り込まれたことを意味する。もちろん、10ha未満層の減少は、統計的にその数が把握できなくなったことを意味するにすぎず、枝番集落営農の下で、多くの構成員が個々の営農を継続していたことはいうまでもない。一方、30ha以上層においてはその経営面積が急増している。

第2章　転作受託組織を出自とした枝番集落営農の発展・再編過程

表2-9　加美郡における経営耕地規模別経営体数と経営耕地面積規模別面積の推移
（農業経営体）

			計	3ha未満	3〜5ha	5〜10ha	10〜20ha	20〜30ha	30〜50ha	50〜100ha	100ha以上
経営体数	実数	2005年	3,258	2,388	505	265	71	19	7	2	1
		2010年	1,601	1,174	145	132	60	21	24	34	11
		2020年	1,065	650	116	125	82	22	27	34	9
	構成比	2005年	100.0%	73.3%	15.5%	8.1%	2.2%	0.6%	0.2%	0.1%	0.0%
		2010年	100.0%	73.3%	9.1%	8.2%	3.7%	1.3%	1.5%	2.1%	0.7%
		2020年	100.0%	61.0%	10.9%	11.7%	7.7%	2.1%	2.5%	3.2%	0.8%
	増減	05-10年	-1,657	-1214	-360	-133	-11	2	17	32	10
		10-20年	-536	-524	-29	-7	22	1	3	0	-2
経営面積（ha）	実数	2005年	8,821	3,185	1,911	1,775	912	443	262	169	164
		2010年	8,477	1,166	555	909	755	497	988	2,377	1,230
		2020年	8,163	667	442	861	1,114	518	1,104	2,372	1,085
	構成比	2005年	100.0%	36.1%	21.7%	20.1%	10.3%	5.0%	3.0%	1.9%	1.9%
		2010年	100.0%	13.8%	6.5%	10.7%	8.9%	5.9%	11.7%	28.0%	14.5%
		2020年	100.0%	8.2%	5.4%	10.5%	13.6%	6.3%	13.5%	29.1%	13.3%
	増減	05-10年	-344	-2019	-1356	-866	-157	54	726	2208	1066
		10-20年	-314	-499	-113	-48	359	21	116	-5	-145

資料：農林水産省『農林業センサス』より筆者作成。

枝番集落営農設立による影響が統計結果に如実に反映されているといえよう。

　次に2010年から2020年（以下、後期）にかけての動きを見てみよう。この期間は、枝番集落営農設立後の展開・再編期に該当する。3ha未満層では引き続き経営体数の減少が続き、10〜20ha層においては経営体数と経営面積の増加が目立つが、それ以外の層では前期に比べて増減幅が小さい[7]。農業構造変動との関連で着目すべきは30ha以上の各層の動向である。多くの集落営農が含まれていると想定できる各層における経営体数にほとんど変化が見られない中で、経営面積の変化も前期に比べて極めて小さい。これは集落営農が設立されて以降、経営規模拡大が進まなかった、すなわち新たな構成員を加えたり、構成員外から新たに農地を借りたりする組織が少なかったことを示唆する[8]。このように加美郡で展開してきた枝番集落営農は基本的に「守りの組織」であったといってよい。

　本節の最後に、以上の構造変動のもとでの加美郡における近年の水田利用

表 2-10　JA 加美よつば管内における水田利用の推移

単位：ha

		2015 年	2016 年	2017 年	2018 年	2019 年	2020 年	2021 年	構成比 （2021 年）
主食用米		4,396	4,330	4,288	4,441	4,456	4,398	4,251	56.1%
非主食用米		1,012	1,077	1,163	1,038	1,012	1,037	1,206	15.9%
	飼料用米	679	700	716	720	662	646	811	10.7%
	WCS 用米	269	287	303	246	245	271	278	3.7%
	米粉用米	17	22	20	16	24	27	35	0.5%
	加工用米	14	36	92	44	46	41	49	0.6%
	輸出用米	6	5	5	12	14	19	15	0.2%
	備蓄米	27	27	27	0	21	33	18	0.2%
大豆		644	691	588	575	579	631	579	7.6%
麦		0	0	1	1	0	1	0	0.0%
飼料作物		868	898	851	846	827	831	842	11.1%
野菜		284	282	281	283	262	263	255	3.4%
えごま		26	26	24	24	26	26	21	0.3%
そば		16	10	6	1	5	10	11	0.1%
その他		358	366	400	395	429	419	413	5.4%
合計		7,604	7,680	7,602	7,604	7,596	7,616	7,578	100.0%

資料：JA 加美よつば提供資料より筆者作成。

注：「その他」は自己保全管理等の特に作付がされていない対応である。

状況について確認しておきたい（**表2-10**）。2015年から2021年の動きを確認
すると、①主食用米は4,300 〜 4,500ha、非主食用米は1,000 〜 1,200haの幅で
推移し、両者を合わせた稲の作付面積は5,400ha強で推移（作付割合は水田
面積の７割強）、②飼料作物、大豆といった土地利用型の転作作物も堅調に
推移（両者合計で作付割合は２割弱）、③野菜は微減、④その他（交付金対
象外となる自己保全管理等）は微増、以上を見いだせる。概ね、管内の水田
利用については大きな変化はないといってよい。

５．事例分析～Ａ集落における取組～

（1）組織設立の経緯、事業内容と方針

　農事組合法人ａが活動を展開するＡ集落は耕地面積120ha（うち水田115ha）、93戸（うち農地所有世帯71戸：2015年センサス）で構成されている。1998年に圃場整備事業が完了して以降、水稲と大豆のブロックローテーションが行われ、集落内の５戸の専業農家で構成される転作組合が大豆転作を担ってきた。

　2007年、前述した農協による精力的な推進を背景に、当時の農地所有世帯75戸すべてを構成員とするａ営農組合が設立された。設立の際のポイントの１つは、単なる主食用米の枝番管理組織ではなく、それまで転作組合が担っていた大豆転作を集落営農組織の事業に組み入れ、組織経営の基盤をつくった点である。安定した助成金収入が見込める転作部門は、これまで担ってきた専業農家にとっても非常に魅力的ではあったが、「農協管内の集落営農組織のモデルとして発展したい」[9]という専業農家達の矜持がそれを上回ったのである。そして、転作については先述したように固定団地化を推進した。その際に、固定団地の地権者には、①３年に１度は飼料用米を作付けし水田機能を保持、②かかり増しになる水利費分は集落営農が補填、③復田にかかる経費も集落営農が負担、といった条件を提示し、了承を得た。固定団地においては、「大豆－飼料用米－大麦」の２年３作体系が実施され、転作部門の助成金収入は組織経営の柱（設立当時約2,500万円）となっていた。

　こうした経営基盤をもとに、組織では構成員全員に対する経済的なメリットを行き渡らせるために、園芸作物を導入した。それが加工用の白菜、トマト、タマネギなどである。白菜については、組織設立前の2006年に50aの畑で試験栽培を行い、時給800円の賃金を支払えることを確かめた。転作地を利用した野菜の共同栽培については、農作業の予定などを集落内の全世帯に知らせており、集落内に所得を還元する機会を設けた。2012年に導入した加

工用トマトは200万円の赤字であったが、大豆や飼料用米など他の転作部門から補填し、事なきを得た。

　また、組合設立後は都市・農村交流事業にも力を入れており、小学校の農業体験学習・農家民泊の受け入れや保護者との交流も積極的に行った。こちらは女性の活躍の場となり、交流活動に対しても賃金を支払うことにより集落内の仕事づくりにつなげた。

　さらに、仕事づくりという面では、集落内で営農する専業農家の自営部門も無視できない。集落内には専業農業が複数存在し、彼らはエノキダケやネギなど、個としても確固たる経営基盤を持っており、多くの集落住民を雇用し、賃金を支払っていた（多い人では年間100万円）。彼ら専業農家にしてみれば、集落営農とは「集落全体を潤わせ、集落の結束力を高めるための手段」であり、「単に儲けるための手段」ではなかった[10]。

　そして以上の取組の根底にあるのが「個の尊重」、言い換えれば「（組織経営ではなく）家族経営が農業の基本である」という考え方であり、農家や農業に関わる人が一定数存在してこそ健全な農村が保たれるという思いであった[11]。農業を続けたい、農業に携わりたいという意向が尊重され、そうした意向を持つ人が活動・活躍できる枠組みが地域農業の基本に据えられるべきであり、集落営農組織はそれを補完・サポートする存在として位置づけられていたといえよう。

（2）法人設立と運営体制

　以上の方針のもと、法人化に向けた準備も進み、2012年に加美町では初となる農事組合法人aが設立された。設立当初の構成員は35名であり、土地持ち非農家を除いた集落内農家全員が構成員となっている（2015年時点で31名）。法人化しても主食用米部門の枝番管理は維持されており、稲作は各構成員が作業を行うのが基本であった。法人への農地集積は農地利用集積円滑化事業を活用し、75戸の地権者の農地90haを法人が借り受けた[12]。2016年時点の作付は、主食用米61.5ha、飼料用米9.2ha、大豆9.1ha、大麦9.7ha、加

第2章　転作受託組織を出自とした枝番集落営農の発展・再編過程

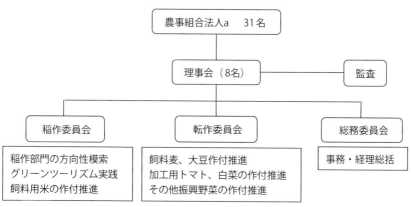

図2-3　農事組合法人aの運営体制（2015年）
資料：法人提供資料をもとに筆者作成。

工用トマト50a、加工用白菜50aである。

　法人の運営体制を示したのが図2-3である。稲作委員会、転作委員会、総務委員会の3つの委員会を設置している。農作業の実施体制は、大豆播種・収穫等の機械作業は少人数のオペレーターが行い、その他の管理作業は各構成員が圃場毎に分担して行っている。園芸部門については、集落内に広く呼びかけ構成員以外からも積極的に雇用し、集落内に労賃を還元する体制を敷いた。

　また先ほども述べたように、各構成員の意向を尊重するという考え方にのっとり、構成員が作業できるうちはそれぞれ責任を持って作業を行うことを基本としており、個人所有の機械を借り上げ、各構成員に管理作業を任せている。法人も田植機とコンバインを1台ずつ所有していたが、それは構成員が自分で作業を行えなくなり、頼まれた際に使用していた。

（3）法人経営の展開

　2016年以降の法人経営の展開について見ていこう。2021年時点の状況を確認すると、まず主食用米部門の枝番管理は維持されている。構成員は6名減

少し25名、うち5〜6名が主食用米部門のオペレーター作業、12〜13名が転作部門の作業を担当している[13]。田の耕起作業は各構成員が行っている。経営面積は15ha減少し75ha、作付は主食用米52ha、大豆18ha、輸出用米9ha、WCS4ha（作業受託含む）である。施設や農機具等については、水稲・大豆用ライスセンター（30ha規模：2020年導入）、田植機3台（8条、6条、6条）、コンバイン2台（6条、6条）、汎用コンバイン1台、乗用管理機1台である。8条の田植機、6条のコンバイン1台以外はこの5年間で新たに整備したものである。

また2021年時点において、園芸作や交流事業は行われていなかった。コロナパンデミックの影響も大きいが、それ以前から人が集まらなくなってきたことが背景にあった[14]。取組当初は「お祭り感覚」でやれていたが、交流事業はもちろん園芸部門も黒字を生み出していなかったこともあり、参加者の減少を背景に取りやめることにしたのである。

法人の農業粗収益については、米価が2021年に大幅下落するまでは、毎年1億円程度で推移しており、4,000万円が主食用米収入（枝番管理により各構成員へ）、1,000万円が転作作物収入、5,000万円が水田活用直接支払交付金等である。

続いて構成員の脱退について。法人設立以降に脱退した構成員は10名である。そのうち8名は離農による脱退であり、脱退の際は法人に貸し付けてあった農地をそのまま法人へ残した。残り2名が個別志向の農家で法人から農地を引き上げての脱退である（計15ha）。2017年に脱退したx氏は、組織の水が合わないという理由で脱退した個別完結型の複合経営農家である（法人への貸付は5ha）。農業後継者については不透明である（同居家族は存在）。2021年に脱退したy氏は、ネギ専門で別法人を立ち上げている複合経営農家である。農業後継者も確保している。法人から引き上げた10haと元々の自作部分5ha含めて15haの規模で経営を行っている[15]。2022年以降も3名の脱退が見込まれている。うち1名は農地を法人に残す一方、2名は農地を引き上げ、別の経営体に貸し付ける予定である。

（4）今後の展望

　最後に今後の展望について、これまでの経営展開をふまえての法人代表の考えをまとめておこう[16]。

　まず、当面の法人経営については、「米＋大豆」作付に特化し、限られたオペレーターで対応していく予定である。オペレーターの頭数も現時点では足りており、労力面において当面の不安はない。その一方、法人として常時雇用のために人件費300～400万円を捻出することは難しい[17]。目下の問題は主食用米価格低下への対応にである。ひとめぼれ一等米の概算金が2020年産米の12,100円/60kgから2021年産米では9,000円/60kgへと大幅に下落した。a法人においては主食用米を枝番管理とし、転作部分をプール計算としているため、法人経営にとって米価下落のダメージは少ない。ただ、法人の構成員にとって米価下落は所得減に直結し、枝番管理であることのメリットが感じられない。今後も主食用米の面積が減り、転作面積が増えることが想定される中で、構成員を法人につなぎとめるためには、構成員に利益を還元するための措置、例えば非主食用米部門にも枝番管理を導入するなどの措置が必要ではないか。

　将来的には、以前取り組んでいた園芸作を復活させる方向性もありうる。ただし、以前行っていた構成員および構成員家族へ就業機会を提供し、相互のコミュニケーションを深めることを目的とした取組は行わない。園芸作は専業的に取り組んでこそ儲かるものであり、もし園芸作に再び取り組むのであれば、その収益を担当者へ還元させる独立採算制のような仕組みを法人に導入する必要がある。個人事業主としてのプライドとやる気が反映される仕組みの法人への埋め込みである。やる気のある人材が確保できれば、法人として園芸部門向けの農地を用意し、初期投資を行うなどして、あとはその人に任せるという方法もある。

　さらに、一度脱退した構成員が再び法人へ戻ってくることも想定し、法人を地域農業の将来的な「受け皿」としていきたい。将来に渡って集落の農地

を維持するためには、そのためのマンパワー確保が最優先であり、脱退して
いった農家の力を借りる必要が出てくる可能性もある。また、脱退した農家
から法人に対して協力の要請があるかもしれない。そうした事態を想定し、
将来的に脱退農家を再び受け入れる最終的な地域農業の「受け皿」として法
人を位置づけておこうという意味合いである。

6．おわりに

　加美郡では、経営安定対策導入に対応する形で多くの枝番集落営農が設立
され、水田の８割までを集積するほどになった。その後、大部分の組織は任
意組織として存続し、一部の組織は法人化するなど対応が分かれたが、組織
構成員が減少している点では共通していた。また、集落営農展開下の農業構
造分析からは、30ha以上の各層における経営体数と経営面積の変化が小さ
かったことから、設立以降、経営規模を拡大した枝番集落営農が少なかった
ことが示唆された。これは、多くの枝番集落営農が、経営規模拡大を目指す
のではなく、構成員が持ち寄った農地を耕作することに注力していることを
意味しており、構成員が減少する中でも「（残された）地域農家の集合体」
としての性格を色濃く残す「守り」の組織が多数を占めていたといえる。と
はいえ、水田利用の実態からは、加美郡における水田は稲作を主軸に全体と
して活用されており、枝番集落営農の構成員が減少し、その集積率が減少す
る中でも、地域農業は維持されてきたといえよう。

　また、事例分析で取り上げた農事組合法人aは、前身組織から枝番管理を
維持しながら経営を維持・発展させてきた。それを可能としたのは、農協に
よる積極的かつ的確な支援措置があり、また組織の構成員でもある専業農家
層の集落および構成員（住民）個々を重視した振る舞い方に大きな要因が
あったからであると考えられる。なかでも、経営基盤の確立に具体的に貢献
したのが、転作田団地化および飼料用米生産の導入による転作部門収益の確
保であり、これが実現されたからこそ、園芸部門導入による「集落ぐるみ」

第2章　転作受託組織を出自とした枝番集落営農の発展・再編過程

型の取組が可能になった。枝番集落営農という「器」の中で、効率的に土地利用型農業が営まれるとともに、専業農家層も営農を継続し、その他の構成員や住民は所得を確保しつつ農業への関与を可能な限り継続する、そしてそれが健全な集落や農村の維持に結びつく、という枝番集落営農の発展のあり方が見いだされたといえよう[18]。

とはいえ、a法人においても、法人設立以降、時間の経過とともに、構成員の減少、交流事業や園芸作からの撤退という動きが生じていた[19]。特に構成員の減少については、高齢化によるリタイヤのみならず、個別志向農家の離脱という要因もあった。ただ作業オペレーターは確保しており、当面は土地利用型部門に「特化」した形での法人経営の存続が展望された。

加美郡においては、枝番集落営農展開下において水田が活用され地域農業が維持されてきたものの、組織構成員の減少がこのまま止まらなければ、「地域農家の集合体」のみに依拠する枝番集落営農は弱体化の一途を辿らざるをえない。今後の方向性としては、a法人代表の指摘からも示唆されるように、①構成員個々が組織に関わることのメリットを分かりやすく打ち出すこと、②組織として収益部門確立に本気で踏み出す、③組織から離脱した農家とも良好な関係を築き双方の適切な役割・機能分担のあり方を見いだしていくこと、等が考えられる。

また以上とは別に、集落単位で営農体制を仕組んでいくという集落営農の取組を、より広い視点から捉え直していくことも一考に値する。既に指摘されている集落営農組織間の協力・連携という視点である（安藤、2006など）。さらに、今後の人口減少社会を見据えて、農業生産、資源保全管理、そしてコミュニティなど、健全な農村空間維持に不可欠な構成要素毎に適正な規模を見いだし、連携の道を探ることも重要である。もちろん、各要素の「適性規模」は地域の置かれた条件によって異なるであろうし、地域外から押しつけるものでもない。現場における日々の生産・生活の営みから問題を発見し、解決に向かって取り組む中から見いだすべきものである。

45

注

1） 加美郡には巨大鶏卵業者が1社存在しており（産出額63億円）、それを割り引いて農業産出額構造を見る必要がある。

2） ちなみに宮城県をはじめとする東北においては、米生産調整政策が本格化した水田利用再編対策以降取り組まれた集団転作において、少戸数の中核的農家から構成される生産組織が転作作業を担当するケースが多かった。その実態を分析として田畑（1990）、佐藤・倉本・大泉（1994）などを参照のこと。

3） 以後、述べるデータについては、特段の記述がない限りJA加美よつば提供の資料にもとづく。

4） 農林水産省（2024）「集落営農実態調査結果」によれば、2024年時点の1集落営農組織当たり構成農家数は32.4戸と2005年時の40.9戸から8.5戸、率にして21％減少している。

5） 2022年1月13日実施のJA加美よつばへの聞き取り調査結果による。

6） 株式会社k法人の概要は以下の通りである。代表取締役であるA氏は、法人設立以前は別の集落営農組織（70あった組織の一つ）で組合長を務めており、JA青年部委員長や雑穀部会のリーダーを歴任してきた人物である。当初A氏は、旧組織の法人化を模索していたが、旧組織の構成員から同意を得ることを困難と考え、個人で法人（株式会社）を立ち上げることとした。法人設立と同時に、旧組織から25名が脱退し、彼らの農地をk法人が貸借することになった。法人では家族4名と常雇1名の計5名で営農している。

7） 後期において10〜20ha層がなぜ伸長したのかについて、確たる言及を行うことは控えたい。ただ関連する出来事の一つとして、後期においては加美郡においては先にふれたk法人を含めて、11の株式会社形態の土地利用型農業を営む法人が設立され営農を展開しており、こうした動きが当該層伸長の背景にある可能性はある。

8） 後期における大規模層における動態的変化について見ると、2010年時点で「100ha以上」層に含まれていた経営体のいくつかが、2020年には下層へシフトしたと推察される。またそのシフト先が「50〜100ha」であったとすれば、玉突き的に2010年時点で「50〜100ha」に含まれていた経営体のいくつかが、下層へシフトしたことになる。

9） 2015年10月22日に実施した聞き取り調査における法人代表の発言による。

10） 2015年10月22日に実施した聞き取り調査における法人代表の発言による。

第2章　転作受託組織を出自とした枝番集落営農の発展・再編過程

11）　2015年10月22日に実施した聞き取り調査における法人代表の発言による。

12）　小作料は法人設立当初10aあたり玄米90kgに設定された。買い戻す際のキロ
　　単価を200円に設定していたので、実質の小作料水準は18,000円/10aである
　　（当時の加美町における平均的な小作料は15,000円/10a）。その水準は長らく
　　維持されてきたが、米価が下落した2020年産は10aあたり玄米80kgへ引き下
　　げ（実質16,000円/10a、町平均では12,000円/10a）、さらに米価が下がった
　　2021年産では玄米80kgを維持しキロ単価を150円に引き下げた（実質12,000円
　　/10a）。

13）　2021年から公務員をリタイヤした62歳の構成員が作業オペレーターとしてフ
　　ル稼働しており、法人としてオペレーターは足りている状況にある。

14）　2022年1月13日実施の法人代表への聞き取り調査結果より。

15）　法人代表曰く「2名の脱退農家は、ともに減反の縛りがなくなり、自分の好
　　きなように作付けたい、具体的には自分の圃場に大豆ではなく飼料用米を作
　　付けたいという思いが強かった」とのことである（2022年1月13日実施の聞
　　き取り調査結果より）。

16）　以下の内容は2022年1月13日に法人代表へ行った聞き取り調査の結果にもと
　　づく。

17）　この点に関して法人代表は、「「半農半役場」「半農半JA」のように、（役場や
　　JAの職員が農業法人で農業を行うことで）役場やJAが農業法人と人件費を折
　　半できないだろうか。役場もJAも給料を高くできないので、もしこれが実践
　　できれば、お互いに持続可能になるのではないか」と述べていた（2022年1
　　月13日実施の聞き取り調査結果より）。

18）　JA加美よつばにおいて集落営農組織設立の旗振り役を担ったG氏は、集落営
　　農を「ゲノッセンシャフト（使命共同体）の最小単位」と述べており（後藤、
　　2013）、a法人の代表は「農業経営ではなく農村集落経営を充実させる」こと
　　が必要と指摘している（季刊地域編集部、2012：p.40）

19）　集落営農における構成員高齢化を背景とした園芸作からの後退・撤退の動き
　　について田代は「集落営農の作目単純化」と指摘している（田代、2020：
　　p.199）。

第3章

枝番集落営農の統合と農業構造変動
―佐賀県白石町を対象として―

1. はじめに

　かつて東北や九州は集落営農の普及が遅れた地域であったが、2007年に導入された経営安定対策へ対応するために集落営農が数多く設立されたことは記憶に新しい。そしてその大部分が、組織構成員である個々の農家の営農が継続し、協業実態が乏しい枝番集落営農であったと指摘されている[1]。そうした組織については、共同労働、栽培協定、機械共同利用といった「実質的作業共同化」に移行できるか（椿、2011：p.29）、さらに「真の農業経営体へ発展」することができるか（橋詰、2012：p.55）が課題であると指摘されてきたように、東北や九州に展開する集落営農においては、各組織が個々のレベルでどのように経営発展できるかが課題とされ、枝番集落営農の組織間連携や統合の動きはこれまでそれほど見られなかった[2]。

　そうした中、枝番集落営農が広く展開してきた九州北部に位置する佐賀県平坦水田地帯において、近年、集落営農の統合を伴った法人化の動きが目立つようになった[3]。そこで本章では、こうした動きが特に際立っている佐賀県白石町を対象として、その動向と実態を分析するとともに、統合により広域化した集落営農法人のもとで農業構造がどのように変化しているのかを見ていく。それらをふまえて、広域化した集落営農法人が地域農業の持続的発展に向けてどのような役割を果たせるのかについて展望したい。

２．佐賀県白石町の水田農業の特徴[4]

　本節では、分析対象とする佐賀県白石町における水田農業の特徴について
述べる。白石町は、2005年に旧白石町、旧福富町、旧有明町が合併して誕生
した町であり、佐賀県の南西に位置している。町の東南部は有明海に面して
おり、町西方から東方へ広がる広大な白石平野は幾多の干拓事業で造成され
た土地で、ほとんどが海抜３～６メートル程度の低平地である。土質は重粘
土で地力に富み、米、麦、大豆、野菜、施設園芸等の農業好適地帯となって
いる。2020年の耕地面積は5,860ha、うち田は5,640haである（作物統計）。
　白石町における農業の主軸は野菜作である。**表3-1**のように、農業総産出
額の約４分の３を野菜が占めており、佐賀県平均との差は歴然としている。
JAさが（白石地区）の部会組織編成を見ると（**表3-2**）、タマネギ、キャベ

表3-1　佐賀県と白石町における農業産出額（2019年）

単位：億円

		合計	耕種計	うち米	うち野菜	うち果実	畜産
佐賀県	実数	1,135	791	155	335	193	340
	構成比	100.0%	69.7%	13.7%	29.5%	17.0%	30.0%
白石町	実数	142	131	17	106	1	11
	構成比	100.0%	92.1%	12.0%	74.3%	0.8%	7.9%

資料：農林水産省『生産農業所得統計』より筆者作成。

表3-2　JAさが（白石地区）における組合員部会組織の概況

	タマネギ	特別栽培米	キャベツ	イチゴ	レンコン	アスパラガス	レタス	ブロッコリー
構成員数	1,089	434	305	123	118	73	73	67
割合	34.3%	13.7%	9.6%	3.9%	3.7%	2.3%	2.3%	2.1%

資料：JAさが（白石地区）提供資料より筆者作成。
注：1）「割合」は正組合員数 3,179 名に占める割合である。
　　2）データは 2018 年 3 月 31 日現在のものである。
　　3）構成員数が 50 名以下の部会記載は省略した。

ツ、イチゴ、レンコンなど多彩な野菜が多くの農家によって取り組まれている。

　次に農業経営体について。白石町は野菜作が盛んなこともあり、農業で生計を立てる農家が数多く存在する。**表3-3**より、主業経営体は個人経営体の44.4％、うち65歳未満専従者ありも37.8％を占め、両者ともに佐賀県の値を大きく上回っている。また、農業経営体の４割を認定農業者が占めており、この値も佐賀県を上回る（**表3-4**）。こうした個人の認定農業者の多くが水田複合経営である。

　また、白石町では米麦二毛作および転作大豆を含めたブロックローテーションが広く展開している。白石平野を含む佐賀平野と共通の特徴といえるが、農業水利事業と圃場整備の進展とともに、機械・施設の共同利用・共同作業組織が展開し、ライスセンターやカントリーエレベーターといった共同

表3-3　佐賀県と白石町における主副業別農業経営体数（個人経営体：2020年）

		合計	主業	うち65歳未満農業専従者あり	準主業	うち65歳未満農業専従者あり	副業的
佐賀県	実数	13,417	4,060	3,626	1,814	577	7,543
	構成比	100.0%	30.3%	27.0%	13.5%	4.3%	56.2%
白石町	実数	1385	615	524	200	85	570
	構成比	100.0%	44.4%	37.8%	14.4%	6.1%	41.2%

資料：農林水産省『農林業センサス』より筆者作成。

表3-4　佐賀県と白石町における農業経営体数と認定農業者数

	①農業経営体		②認定農業者		②／①
		うち法人		うち法人	
佐賀県	14,330	349	3,915	269	27.3%
白石町	1,448	40	574	29	39.6%

資料：農林水産省『農林業センサス』および佐賀県農林水産部農産課『佐賀県における農業経営基盤の現状』2020年7月、より筆者作成。
注：農業経営体数は2020年、認定農業者数は2020年3月末現在の値である。

51

表 3-5　農業生産組織等への参加状況（販売農家：2005 年）

| | | 販売農家数 | 農業生産組織に参加した実農家数 | 参加している組織（複数回答） | | | オペレーターとして従事 |
				機械・施設の共同利用組織	委託を受けて農作業を行う組織	協業経営体	
都府県	実数	1,911,434	280,050	212,904	93,127	26,875	60,386
	割合	100.0%	14.7%	11.1%	4.9%	1.4%	3.2%
佐賀県	実数	31,244	19,456	14,828	10,919	146	3,562
	割合	100.0%	62.3%	47.5%	34.9%	0.5%	11.4%
白石町	実数	2,849	2,503	2,492	2,371	5	142
	割合	100.0%	87.9%	87.5%	83.2%	0.2%	5.0%

資料：農林水産省『農林業センサス』より筆者作成。

乾燥施設をひとまとまりとした水田農業の基盤が形成されている。それを
データとして裏付けるのが**表3-5**である。2005年時点における農業生産組織
への参加割合は佐賀県において62.3％と都府県14.7％を大きく上回っている
が、その佐賀県の値を凌駕するのが白石町である（87.9％）。白石町におけ
る機械・施設の共同利用組織および農作業受託組織への参加割合はともに8
割を超えている。反面、オペレーターとして従事している農家は5％と低い。
このように地域の大部分の農家が共同乾燥施設を利用し、共同作業組織に参
加しつつ作業を委託してきたのが白石町水田農業の大きな特徴である。

3．白石町における集落営農の展開と農業構造変動

（1）白石町における集落営農の展開

　2005年以降、白石町では多数の集落営農が設立され、組織への農地集積が
急速に進んだ（**表3-6**）。2007年時点で70存在した組織はその後10年間継続し、
その間、集積面積も徐々に増加していった。2015年の集積率は94％に達し、
町内にある耕地のほぼ全てが集落営農によってカバーされていた。構成農家
数は減少傾向にあったものの、2016年時点でも2,551戸と最盛期の9割を保
持していた。これらの組織は、佐賀県平坦水田地帯に展開した他の集落営農

52

表3-6　白石町における集落営農の動向

	2005年	06年	7年	8年	9年	10年	11年	12年	13年	14年	15年	16年	17年	18年	19年	20年	21年
5ha未満	5	0	0	0	0	0	0	0	0	0	0	0	0	0	0	0	0
5〜10ha	0	0	0	0	0	0	0	0	0	0	0	0	0	0	0	0	0
10〜20ha	0	0	0	0	0	0	0	0	0	0	0	0	0	2	2	2	0
20〜30ha	0	1	9	9	9	8	8	10	7	7	5	7	3	6	5	5	3
30〜50ha	1	4	26	26	26	28	28	26	23	25	27	25	20	10	10	10	4
50〜100ha	0	5	26	26	25	23	23	22	26	25	24	24	15	8	6	6	5
100ha以上	0	3	9	9	10	11	11	12	14	13	14	14	14	10	8	8	9
合計	6	13	70	70	70	70	70	70	70	70	70	70	52	36	31	31	21
うち法人	0	0	0	0	0	0	0	0	0	0	1	2	4	5	7	7	9
法人化率	0.0%	0.0%	0.0%	0.0%	0.0%	0.0%	0.0%	0.0%	0.0%	0.0%	1.4%	2.9%	7.7%	13.9%	22.6%	22.6%	42.9%
構成農家数	—	628	2,795	2,740	2,732	2,699	2,699	2,695	2,716	2,640	2,606	2,551	2,442	2,278	2,195	2,195	1,663
集積面積（ha）	—	957	4,774	4,774	4,843	4,841	4,841	4,926	5,543	5,549	5,575	5,557	5,427	4,681	4,129	4,129	3,334
集積率		16.0%	80.1%	80.2%	81.4%	81.4%	81.4%	82.8%	93.3%	93.4%	94.0%	94.0%	92.0%	79.7%	70.5%	70.5%	56.9%

（集積面積規模別集落営農数）

資料：農林水産省『集落営農実態調査』（各年版）、農林水産省『作物統計』（各年版）より筆者作成。

注：1）2005年の構成農家数と集積面積のデータは取得できなかった。

　　2）集積率は集積面積を耕地面積で割って算出。

表 3-7　白石町における地区別の集落営農の状況

地区名（旧 JA 白石地区の支所）	当初（2007 年時点）の状況			現在（2021 年時点）の状況			
	組織数	構成員数（合計）	経営面積（合計）	組織数	構成員数（合計）	経営面積（合計）	備考
白石	5	30〜70 人（235 人）	43〜90ha（336ha）	1	96 人	138ha	5 組織が統合・法人化
六角	1	223 人	327ha	1	140 人	245ha	既存組織が法人化
北有明	15	12〜60 人（431 人）	29〜110ha（686ha）	1	273 人	367ha	15 組織が統合・法人化
須古	2	126 人、187 人（313 人）	220ha、327ha（547ha）	2	77 人、123 人（200 人）	172ha、282ha（454ha）	2 組織とも任意組織として継続
福富	11	28〜90 人（605 人）	36〜140ha（912ha）	1	222 人	295ha	11 組織が統合・法人化
南有明	17	11〜31 人（381 人）	24〜73ha（713ha）	1	247 人	438ha	17 組織が統合・法人化
錦江	6	19〜63 人（219 人）	36〜113ha（487ha）	1	94 人	150ha	6 組織が統合・法人化
竜王	1	186 人	234ha	1	99 人	169ha	既存組織が法人化
有明干拓	12	11〜27 人（210 人）	29〜82ha（569ha）	12	8〜26 人（167 人）	17〜64ha（419ha）	2 組織が法人化、10 組織が任意組織として継続
（合計）	70	2,803 人	4,811ha	21	1,538 人	2,675ha	

資料：JA さが（白石地区）提供データより筆者作成。
注：町内にある全ての集落営農の経営作物は主食用米、麦、大豆である。

と同様、主食用米、麦、大豆部門の経理事務を一元化した枝番管理方式を採用した。また、耕起・代かきや水稲育苗・田植は個別農家を中心とした作業が実施され、水稲と麦類の収穫については機械共同利用による共同作業、大豆収穫はオペレーターによる作業が行われ、乾燥調製は旧村規模の共同乾燥施設を利用する作業体制がとられた。近年に至るまで全く進まなかった集落営農の法人化は、2015年以降、組織の統合を伴いながら急速に進むことになり、集落営農数、集落営農の構成農家数、集積面積は急速に減少した。2021年時点では、集落営農数は21うち法人は 9 （全てが農事組合法人）、構成農

第3章　枝番集落営農の統合と農業構造変動

表3-8　白石町における集落営農法人の構成員数と経営面積の動向

地区名 （旧JA白石 地区の支所）	法人名		法人 設立時	2021年	増減率	減少構成員 1人当たり 経営面積	法人 登記 時期
白石	A (5)	構成員数	158人	96人	-39%	2.0ha	2018年 10月
		経営面積	265ha	138ha	-48%		
六角	B (1)	構成員数	160人	140人	-13%	3.4ha	2017年 1月
		経営面積	313ha	245ha	-22%		
北有明	C (15)	構成員数	327人	273人	-17%	5.3ha	2016年 12月
		経営面積	653ha	367ha	-44%		
福富	D (11)	構成員数	365人	222人	-39%	1.8ha	2019年 2月
		経営面積	553ha	295ha	-47%		
南有明	E (17)	構成員数	313人	247人	-21%	2.3ha	2017年 1月
		経営面積	590ha	438ha	-26%		
錦江	F (6)	構成員数	116人	94人	-19%	1.3ha	2018年 9月
		経営面積	178ha	150ha	-16%		
竜王	G (1)	構成員数	116人	99人	-15%	2.4ha	2019年 7月
		経営面積	210ha	169ha	-20%		
有明干拓	H (1)	構成員数	19人	18人	-5%	0.0ha	2014年 7月
		経営面積	46ha	46ha	0%		
	I (1)	構成員数	11人	9人	-18%	0.5ha	2015年 7月
		経営面積	48ha	47ha	-2%		

資料：JAさが（白石地区）提供データより筆者作成。

注：法人名の下の（　）内は法人設立時に統合した集落営農の数である。

家数は1,663戸（最盛期2007年の59％）、集積面積は3,334ha（最盛期2015年の60％）となっている。

　白石町における集落営農の状況を地区別に示したのが**表3-7**である。町には、広域合併前に存在したJA白石地区の支所が概ね旧村毎に設置されていた。当初設立された70ある集落営農の情報を整理すると、単一集落を基本に設立された地区が白石、北有明、福富、南有明、錦江、有明干拓である。一方、当初から旧村単位で設立された地区が六角、竜王であり、須古地区では旧村エリアを北部と南部で分けて2つの集落営農が設立された。設立後しばらくの間は全70組織が任意組織であったが、先に述べたように近年は法人化が進

55

んでいる。現在9つある法人のうち、六角、竜王、有明干拓地区にある4法人は、既存組織がそのまま法人化したものであるが、白石、北有明、福富、南有明、錦江地区にある5法人については、各地区に存在した全ての集落営農が一つに統合する形で法人となった。

表3-8は、集落営農法人化後の構成員数と経営面積の動向を示したものである。単一集落を基盤に組織され、そのまま法人化した有明干拓の2つの法人は構成員数、経営面積ともに変化が少ない一方、それ以外の7つの法人は構成員数と経営面積双方において、大きく減少している。とりわけA法人、C法人、D法人においては、経営面積の減少率が4割を超えており、法人化後に進む構成員脱退に伴う経営面積の減少が著しい。中でもC法人は減少した構成員1人当たりの経営面積が5.3haと他法人に比べて抜きん出て大きく、中規模層以上の構成員が多数脱退している様子がうかがえる。

（2）集落営農展開下における農業構造変動

以上のように白石町においては、2006年前後に集落営農が多数設立し、その後約10年間は組織数が維持し、2015年以降、組織の統合・法人化が進み、今日に至っている。ではこの間、白石町における農業構造はどのように変動したのだろうか。

表3-9は、経営耕地規模別の農業経営体数と経営耕地面積規模別面積の推移を示している。まず経営体数について。2005年から2010年にかけて（以下、前期）は、3ha未満層、3〜5ha層、5〜10ha層が減少しており、10ha以上層が増加している。これは新たに設立された集落営農の中に10ha未満層の多くが取り込まれたことを意味する。もちろん、10ha未満層の減少は、統計的にその数が把握できなくなったことを意味するにすぎず、枝番集落営農の下で、構成員個々が営農を継続していることは先に述べた通りである。次に2010年から2020年にかけて（以下、後期）の動向をみると、3ha未満層の減少傾向は継続しているものの、3〜5ha層、5〜10ha層は増加に転じている。10〜20ha層は前期から引き続き増加傾向にある。2020年時点の

56

第3章　枝番集落営農の統合と農業構造変動

表3-9　白石町における経営耕地規模別経営体数と経営耕地面積規模別面積の推移
（農業経営体）

			計	3ha未満	3～5ha	5～10ha	10～20ha	20～30ha	30～50ha	50～100ha	100ha以上
経営体数	実数	2005年	2,889	2,433	334	107	14	1	0	0	0
		2010年	1,991	1,776	96	40	24	22	16	13	4
		2020年	1,448	1,175	122	80	45	8	9	0	9
	構成比	2005年	100.0%	84.2%	11.6%	3.7%	0.5%	0.0%	0.0%	0.0%	0.0%
		2010年	100.0%	89.2%	4.8%	2.0%	1.2%	1.1%	0.8%	0.7%	0.2%
		2020年	100.0%	81.1%	8.4%	5.5%	3.1%	0.6%	0.6%	0.0%	0.6%
	増減	05-10年	-898	-657	-238	-67	10	21	16	13	4
		10-20年	-543	-601	26	40	21	-14	-7	-13	5
経営面積（ha）	実数	2005年	5,599	3,462	1,235	698	181	23	0	0	0
		2010年	5,511	1,668	355	265	364	547	610	850	852
		2020年	4,629	1,179	447	539	576	196	314	0	1,378
	構成比	2005年	100.0%	61.8%	22.0%	12.5%	3.2%	0.4%	0.0%	0.0%	0.0%
		2010年	100.0%	30.3%	6.4%	4.8%	6.6%	9.9%	11.1%	15.4%	15.5%
		2020年	100.0%	25.5%	9.7%	11.6%	12.4%	4.2%	6.8%	0.0%	29.8%
	増減	05-10年	-88	-1794	-880	-433	183	524	610	850	852
		10-20年	-882	-489	92	274	212	-351	-296	-850	526

資料：農林水産省『農林業センサス』より筆者作成。

　集落営農組織数が31であり、その大部分が20ha以上規模である実態をふまえると（前掲**表3-6**参照）、後期においては、3～5ha層、5～10ha層、10～20ha層において、集落営農以外の個別経営の数が増加しているといえよう。その一方、集落営農の統合・法人化の進展により、20～30ha層、30～50ha層、50～100ha層は急減し、100ha以上層が増加していることが分かる。

　続いて経営耕地面積規模別面積を見ると、集落営農の設立に伴って前期において20ha以上層の面積シェアが急激に高まっている。また、後期においては集落営農の統合・法人化が進んだこともあり、100ha以上層のシェアが急激に高まっている。しかしながら、20ha以上層全体としては、後期においてシェアは減少している（2010年：51.9％→2020年：40.8％）。その一方、シェアを拡大しているのが、2010年以降経営体数を増やしている3～5ha層、5～10ha層、10～20ha層である。

表3-10　白石町における水稲、大豆、麦類の作付面積の推移

単位：ha

		2013 年産	2014 年産	2015 年産	2016 年産	2017 年産	2018 年産	2019 年産	2020 年産
水　　稲		3,395	3,253	3,297	3,235	3,273	3,339	3,306	3,375
	主食用米	3,290	3,113	3,114	3,047	3,054	3,070	3,047	2,952
	非主食用米	106	140	183	188	220	269	259	423
大　　豆		963	1,099	1,049	1,046	1,003	972	937	907
麦　　類		2,274	2,418	2,420	2,408	2,572	2,523	2,557	2,778
水稲＋大豆		4,358	4,352	4,346	4,281	4,276	4,311	4,243	4,282
水稲＋大豆＋麦類		6,632	6,770	6,766	6,689	6,848	6,834	6,800	7,060

資料：白石町「地域農業再生協議会水田フル活用ビジョン」各年度版、農林水産省「作物統計」
　　　（各年度版）、農林水産省（2019）「令和元年産の地域農業再生協議会別の作付状況（確
　　　定値）」、より筆者作成。

注：水稲と大豆のデータは白石町資料と農林水産省「作付状況」、麦のデータは農林水産省「作
　　物統計」のものを使用。

　以上のように、集落営農が広く展開する中でも、中・大規模の個別経営が
伸張し、地域農業における存在感を増している様子がうかがえる。先に述べ
た集落営農の統合・法人化後の構成員脱退の動きも、後期における3～
20ha層の経営体数や経営面積の増加の背景にあると考えられる。

　本節の最後に、以上の構造変動のもとでの白石町内における水田の利用状
況について確認しておきたい。表3-10は集落営農の統合・法人化の動きが
始まる直前である2013年産から2020年産までの水稲、大豆、麦類の作付面積
の推移をみたものである。この間の大まかな傾向として、①主食用米作付面
積は減る一方で非主食用米作付面積は増加し水稲作付面積は維持、②大豆作
付面積は減少、③麦類作付面積は増加、以上の3点を見いだせる。結果とし
て、表作（水稲＋大豆）の面積は若干減少しているものの、裏作（麦類）面
積の増加がそれをカバーしており、集落営農の統合・法人化後に進行する構
成員脱退に伴って集落営農の集積面積が減少しているにもかかわらず、表作
と裏作を足した総合的な水田利用率はこの間維持されている。

４．Ｃ法人の取組

　本節では、集落営農の統合・法人化の事例として北有明地区において営農
を展開するＣ法人の取組と地域農業の実態を見ていく。

（１）北有明地区の農業概況と集落営農の展開

　北有明地区は白石町の東南に位置し、有明海沿岸に面した平坦地域である。
2020年センサスによれば、耕地面積は700ha（うち田696ha）、農業経営体数
は191（個人経営体174、団体経営体17）、総農家数は183戸（販売農家174戸、
自給的農家９戸）である。ほとんどの田が30 〜 50a区画に整備されている。
白石町の特徴と同様、米麦二毛作をベースとして、大豆作、タマネギ、レン
コン、イチゴ等の園芸作が盛んである。地区内には22の集落があり、それら
が一体となって1987年以降、ブロックローテーション方式で集団転作を実施
してきた（三枝、1996：pp.16-18）。それを統括してきたのが、農協主導で
設立された北有明地区水田利用合理化実践協議会である。実践協議会では地
区全体の水田利用方式を計画するとともに、米麦用コンバインや大豆コンバ
インを導入し、それを各集落で組織された機械利用組合が共同利用するとい
う形で低コスト、省力化を図ってきた。地区には、カントリーエレベーター
とライスセンターがそれぞれ１基ずつ整備されている。表出は省略するが、
2005年時点における農業生産組織への参加割合は96％と白石町平均（87.9％）
をも上回っており、ほぼ全ての農家が機械・施設の共同利用組織および農作
業受託組織へ参加していた。

　北有明地区では、各集落をベースに15の集落営農が2007年に任意組織とし
て設立された。その全ての組織が主食用米、麦、大豆について経理を一元化
した枝番管理型の組織であり、耕起、代かき、田植を構成員個々が行い、米
の収穫、麦・大豆の防除や収穫を機械利用組合（オペレーター）が行う形が
一般的であった。

(2) C法人の設立と事業概況

その後、①農業従事者の高齢化、担い手不足を見据えた農地の受け皿の育成、②経営安定対策交付金の対象要件を今後とも満たす、③国の補助事業要件を満たす、等を目的として、2016年7月にカントリーエレベーターを範囲として15の集落営農を統合して、農事組合法人Cが設立された。

C法人の組織機構は図3-1のようになっている。理事6名、監事2名であり、設立時の構成員は327名、経営面積は653ha（地区農地の9割を集積）であった。出資金は一口10,000円である。15あった集落営農は作業班として残し、実際の農作業や労務管理は班ごとに行うこととした。ただし農繁期に

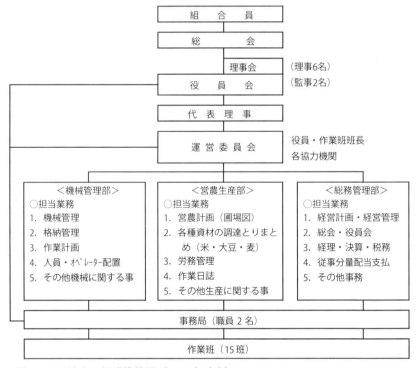

図3-1　C法人の組織機構図（2021年時点）
資料：C法人総会資料より引用。

第3章　枝番集落営農の統合と農業構造変動

は、作業班同士が助け合うこともある。法人化に伴って従事分量配当制を導入したが、構成員毎に生産物販売額や各種交付金受取額と経費を勘案して法人から配当金が支払われており、実質的には枝番方式による運用となっている。

C法人の現在の経営概況は**表3-11**のとおりである。2018年から農地中間管理機構を通じた利用権設定を開始しており、2020年時点で239haと経営面積の65％を占めている。所有する農機具のうち自前で導入したのは、大豆用コンバイン1台と乗用管理機2台であり、残りは2020年に実践協議会から譲渡されたものである。法人自らが行う作業面積は徐々に増えており、米、麦、大豆の収穫作業を法人所有のコンバインを用いて行っている。防除作業は集落で活動する機械利用組合に委託している（法人所有の乗用管理機を利用）。2021年時点の小作料は6,000～13,000円/10aである。水利費3,000円は耕作者負担である。後述するように構成員が近年減少しており、それに伴って経営面積も減っている。結果、法人としての作付面積も減少傾向にある（**図3-2**）。

表3-11　C法人の経営概況

- 組合員数：273名（2021年7月時点）
- 経営面積：367ha（2021年4月時点）
  うち利用権設定面積：239ha（2020年時点）
- 作物別作付面積
  水稲：304ha（2020年産）
  大豆：117ha（2020年産）
  麦類：268ha（2021年産）
  　※大麦161ha、小麦107ha
- 作業面積
  水稲刈取：42ha（2020年産）
  大豆刈取：24ha（2020年産）
  麦類刈取：60ha（2021年産）
- 主な機械設備
  米麦用コンバイン（6条×3台、4条×1台）
  大豆用コンバイン×6台
  乗用管理機×2台
  畦塗機×1台
  トラクターカルチ×1台
- 小作料（2020年～）：6,000～13,000円/10a

資料：C法人総会資料より筆者作成。

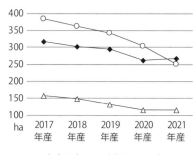

図3-2　C法人における作付面積の推移

資料：C法人総会資料およびJAさが（白石支所）への聞き取り調査より筆者作成。

（3）C法人における構成員脱退の動向と地域農業の状況

　法人設立後、C法人では構成員脱退の動きが表面化した。実際に脱退が生じたのは**表3-12**にあるように2018年度末（第3期終了時点）からになるが、その1年前に開催された第2回総会において、脱退構成員への配当時期に関する定款変更が議案として提案されており、法人設立後間もない時期から、一部の構成員から法人脱退の意思表示がなされていたと考えられる。その脱退の動向を見ると、これまでに54人が脱退し、うち21名が個人経営へ移行することを理由とした脱退である。また、離農を理由とした脱退者は、個人経営へ移行する脱退者に農地を貸して離農するパターンがほとんどである[5]。これらの脱退により、一旦法人に設定されていた利用権も、2020年に48.3ha、2021年に24.6ha、契約解除となった。

　それでは、なぜ個人経営へ移行したいと考える構成員が多数生じたのだろうか。個人経営への移行を理由に脱退した構成員の経営規模は最小4ha最大30haであり、その多くは、レンコン、イチゴ等の野菜作を営み、後継者も確保している専業的水田複合経営である。農村現場に深く関わり、この間の法人化推進にも深く携わってきたJAでは、彼らの脱退の大きな要因を法人の経理処理に起因する不満とみている。先述のように、法人における「従事分量配当」は実質的に枝番方式で運用されてはいるものの、事務・経理手

表3-12　C法人における構成員脱退の動向

		脱退時期			合計
		2018年度末	2019年度末	2020年度末	
脱退した構成員数		27	16	11	54
脱退理由	個人経営へ移行	8	9	4	21
	経営移譲	1	0	0	1
	離農	18	7	7	32

出所：C法人総会資料より筆者作成。

注：C法人の事業年度は、当該年の7月1日から翌年6月30日までである。

続きに一定時間を要し、構成員が配当金を受け取るまでにタイムラグが生じる。法人統合以前の各集落営農においては、生産物の販売金額や各種交付金は直接構成員に振り込まれていたが[6]、法人のもとではそれらは一旦法人に振り込まれ、経費を差し引く等の手続きを経た上で法人から構成員に配当金として複数回に分けて振り込まれることになった[7]。振り込み時期の遅れは、農業収入への依存度の高い構成員にとっては大きな問題となる[8]。また、構成員が法人から受け取るものは「配当金」扱いであり、各構成員が栽培した作物の単収や売上といった個人レベルの詳細な情報を構成員は把握できない。その結果、構成員個々が行う工夫や努力の成果が見えにくくなっており、そのことも構成員の不満につながっている[9]。

　次に、構成員脱退が続くもとでの地域農業の動向について補足しておこう。個人経営への移行を理由に脱退した構成員の多くは統合前の集落営農においてオペレーターを務めており、法人下の作業班においてもオペレーターを継続して務めていた。そして法人脱退後も、作業班の求めに応じて従来どおり農作業を行っており、法人を脱退したとはいえ、表向きは大きな問題は生じていない。また、米、麦、大豆のブロックローテーションも維持されており、こちらも特に脱退の影響はない。今後課題となってくると思われるのが、農地の集約化である。法人として利用権設定を進めることは、その先にある農地集約化を見越してのことであったが、構成員の脱退はその方向性に待ったをかけることになった。個人経営を志向する農業者にとっても、農地の集約化は望ましいことではあるが、現状では交換分合等を行う目処は立っていない。

5．おわりに

（1）まとめと考察

　九州北部平坦水田地帯に位置する佐賀県白石町では、経営安定対策導入に対応するために数多くの集落営農が設立され、最盛期は町内のほぼ全ての耕

地をカバーするまでになった。そして近年、集落営農の統合・法人化が急速に進行してきたが、広域化した集落営農法人において構成員数と集積面積は減少傾向が著しく、町全体としても集落営農の構成員数と集積面積が減少していた。そうした中で町の農業構造は、3〜20ha規模の個別経営が数、経営面積ともに増加していた。町では元来から園芸野菜作が盛んであり、それで生計を立てる水田複合経営が分厚く存在していたが、集落営農が広く展開そして統合再編する中でも、そうした層が経営を持続・発展させてきたといえる。結果として、町における米、麦、大豆を中心とした水田二毛作は、集落営農の集積＝耕作面積が減る中でも維持されていた。

　15の集落営農が統合されて設立されたC法人では、法人化後も統合した各集落営農を作業班として残し、経理面での枝番方式も実質的に存続させた。にもかかわらず法人化後、構成員の脱退が進行していた。専業的水田複合経営層が彼らへ農地を貸したり、作業を委託したりしている構成員を伴う形で脱退したのである。脱退の背景には、法人の経理処理に起因する不満が存在し、それは詰まるところ、自作農として経営を発展させたいと考える元構成員にとって法人という枠組みが「足かせ」になったことを意味した。とはいえ、彼らの多くは、その後もオペレーターをこなしており、地区レベルで展開しているブロックローテーションも維持されていた。

　以上のように、集落営農が普及してきた白石町ではその統合・法人化が進み、広域再編された集落営農法人のもとでは個別経営を志向する構成員の脱退が進行していた。この結果、集落営農法人の構成員数や集積面積が減少しており、それは数字的には集落営農の「後退」を意味するかもしれないが、個別経営の存在感の高まりや水田二毛作・ブロックローテーションの維持という実態をふまえれば、地域農業の「衰退」や「縮小」を意味するものではない[10]。集落営農設立以降の白石町農業の歩みを大まかに俯瞰すれば、①専業農家層も含むほぼ全ての農家が集落営農のメンバーとなり、作業共同体制を適宜組みながら構成員個々がそれぞれの営農を継続、②その体制のもとで高齢化は徐々に進行し、各組織内で（あるいは組織を越えて）受委託や貸

借関係が拡大、③実質的に規模拡大してきた個別経営が統合・法人化した組織から脱退、となるのではないか。このように捉えることができるとすれば、集落営農という「器」の中で個別経営は成長・発展し、ここにきて集落営農から「自立」し始めたともいえそうである。

(2) 今後の展望

こうした動きが見られる中で、広域化した集落営農法人が地域農業の持続的発展に向けてどのような役割を果たせるだろうか。法人脱退後も元構成員の個別経営は、農作業オペレーターを務めるなど地域農業を支える一員として役割を果たしている。一方、脱退が続く法人の立場からすれば、構成員＝人材が少なくなり、法人経営の先行きに不安を感じるかもしれないが、多数の構成員と彼らから託された広大な農地が存在し、整備された農機具も残っている。脱退した個別経営の多くも複合野菜部門を抱え、経営面積の規模拡大には一定の限界がある中で、集落営農法人が地域農業・農地の守り手として果たす役割は小さくなることはない。

集落営農法人としては、今日の「脱退」現象を地域農業の持続的発展に向けた一局面と位置づけた上で、脱退した旺盛な経営意欲を持つ個別経営との間で良好な信頼関係を維持しながら、彼らとの適切な役割・機能分担のあり方を見いだしていくことが重要ではないだろうか。カントリーエレベーター等の共同乾燥施設単位で広域的なまとまりが存在する白石町の各地区は、農地利用の集約化を進めることによって、米、麦、大豆の土地利用型農業をより効率的に展開することが可能である。集落営農法人は個別経営との交換分合等を通して農地の利用集約化を進めながら、個も組織も共に成長できる基盤を構築すべきであろう。そしてこれまで地域農業に深く関与してきた農協をはじめとする関連機関は彼らの仲介の労をとりながら、集落営農法人と個別の担い手の地域内での棲み分けの道を探るべく役割を発揮することが求められる[11]。

注

1 ）この点を指摘した文献は多数あるが、直近のものとして平林（2020）を参照。

2 ）合併等を通した集落営農の広域化の必要性を整理した文献として高橋（2016）を参照。

3 ）佐賀県における集落営農組織の実態や展開過程に関する分析については多くの先行研究がある。小林恒夫（2005）、品川（2015）、品川（2017）、品川（2018）、品川（2019）などを参照のこと。

4 ）白石町農業について詳細に分析を行った文献としては、磯田（1995）、小林・白武（2001）などがある。

5 ）2022年2月2日に実施した佐賀県農業協同組合白石地区営農経済センターへの聞き取りによる。離農による脱退者は、以前から個人経営移行の希望を持っていた構成員に農作業を任せたり、実質的に農地を貸したりしており、彼らの脱退に合わせて一緒に脱退するという選択をした。離農後の農地の預け先としての信頼度が集落営農法人よりも個別経営の方が高いということであろう。

6 ）合併前の各集落営農は任意組織であり、各々がJAと分配事務委託契約を結んでいた。

7 ）タイムラグの具体例を挙げておくと、2020年産大豆については、法人は交付金を2020年12月、2021年3月に受け取っていた。対して、構成員への従事分量配当は2020年12月、2021年4月、2021年6月の3回に分けて行われた。

8 ）具体的には、①支払いが必要な時期に資金が不足するといった資金繰りの問題、②個人事業主たる構成員の事業年度は1月から12月までであり、年をまたいだ入金は翌年度扱いとなることで税務申告が煩雑になるという問題がある（法人の事業年度は7月から翌年6月）。

9 ）法人内に残っている専業的複合経営も一部存在するが、法人参加のメリットや不参加に伴うデメリットが明確に示されない限り、今後しばらく脱退傾向は続くだろうとJAでは予想している。

10）田代（2020：p.197）は枝番集落営農の解散が「直ちに農業の「衰退」や「縮小」を意味するものではない」と言及している。

11）この点を指摘したものとして田代（2011：pp.317-319）、田代（2012：pp.241-242）を参照のこと。

第4章

枝番集落営農を主体とした持続的地域農業の展開条件
―大規模集落営農T法人の事例から―

1．はじめに

　集落営農は地域農業と地域社会の持続性を確保する取組として注目されてきた。その形態は多様であるが、農家個々の対応では困難になりつつあった集落の農業や農地の維持管理を、共同の取組を通して可能にしてきたからである。

　ただ、集落営農の抱える問題として指摘されてきたのは、後継者の確保が難しいこと、「守り」の発想から生まれた組織であり発展性が乏しいこと、経営体の体を成さずに農家の相互扶助的組織体にとどまること[1]、などである。本書で分析対象としてきた枝番集落営農はまさにその典型例であり、こうした問題をいかに解決していくのかが問われている。

　本章では、基盤整備事業後の大区画圃場を基盤に大規模法人経営体として設立された枝番集落営農の事例として、秋田県大仙市の大規模集落営農T法人をとりあげる。この事例は今日に至るまで、持続的に経営を発展させており、多様な経営展開の内容とそうした取組を可能としてきた要因について考察する。

2．対象地域とT法人の経営概要

　T法人が営農を展開する秋田県大仙市協和地区は、秋田市や大仙市中心部に自動車で30分程度とアクセスが良く、早くから兼業化が進んだ地域である。

一級河川雄物川が大きく湾曲する中流部に位置し5つの集落を含む。当地区において転機となったのは2001年度から始まった県営担い手育成基盤整備事業であった。これにより約300haの水田が1ha区画に整備された。基盤整備の面工事が終了する2003年頃から、各集落にある生産組合の代表が集まる場で、整備後の水田農業の担い手に関する検討が始まった。その結果、2005年3月に、事業対象地区に含まれる5集落の農家の大半が加入して農事組合法人Tを設立し、活動がスタートした[2]。

　T法人は2019年12月時点で128名の構成員からなり、約300haの農地を利用集積している（うち利用権設定40ha、法人所有40ha）。出資金は5,700万円（設立当初238万円）、理事は5名、12名の従業員（栽培部門7名、加工部門4名、事務1名）を雇用している。100名を超える構成員の意見を汲み上げ、組織運営に反映させるために運営委員会を設置している。部会は、ライスセンター部会、転作部会、受託作業部会、加工部会の4部会に分かれている（図4-1）。

　大型施設として、処理能力120haのライスセンターを設置している。法人

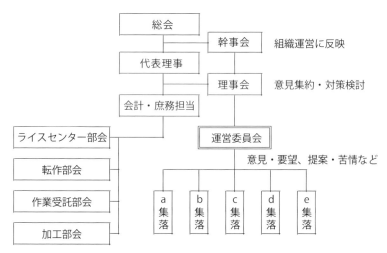

図4-1　T法人の組織体制（2018年時点）
資料：工藤修（2018b：p.54）より引用。

が所有する主な農機具（2018年時点）は、トラクター3台（95ps、75ps、33ps）、8条田植機6台、6条コンバイン4台、大豆コンバイン4台、無人ヘリ1台、などである。作業賃金はオペレーターが時給1,000円、その他一般作業は時給900円である。小作料は玄米1.5俵相当分の価格を基準に決めている。

2019年の作付面積は、水稲177ha（うち原種13ha、採種30ha、主食用135ha）、大豆100ha、野菜・花卉7ha（ブロッコリー、キャベツ、小松菜、ネギ、タマネギ、ニンジン、カボチャなど）である。主食用米の品種はあきたこまちが135ha、多収量米のゆめおばこが40haである。2013年から冷凍・加工事業を始め、地元生産の野菜をカット・冷凍し、県内の学校給食などへ供給している。2016年からはリモートセンシング（以下、リモセン）等のスマート農業にも取り組んでいる。法人の事業展開をまとめたのが**表4-1**である。

法人の総収益および売上高は設立時から今日までを順調に伸び、経常利益

表4-1　T法人の事業展開

年度	主な出来事
2006	ライスセンター稼働
2007	水稲原種、水稲種子生産開始
2008	独自ブランド特別栽培米の生産開始
2009	集出荷貯蔵施設稼働
2010	水稲直播栽培挑戦
2011	水稲種子用乾燥施設稼働、遊休畑地利用開始
2012	冷凍加工施設ソフト事業導入
2013	冷凍加工施設稼働、学校給食・病院への冷凍加工野菜供給開始、遊休畑地への野菜作付開始
2016	リモートセンシングによる生育調査開始
2017	リモセン調査を活用した土壌診断および可変施肥開始、密苗試験栽培開始
2018	密苗本格導入、情報支援機能付コンバイン導入
2019	「スマート農業技術の開発・実証プロジェクト」開始

資料：T法人資料、T法人への聞き取り調査結果、ヤンマーwebsite（https://www.yanmar.com/jp/agri/cases/57558.html、https://www.yanmar.com/jp/agri/cases/57583.html、最終アクセス日2024年8月25日）、秋田県「こまちチャンネル」（https://www.e-komachi.jp/notebook/senbokusumart_nougyou/、最終アクセス日：2024年8月25日）、をもとに筆者作成。

表 4-2　T 法人の損益状況　　　　　　　　　　　　　　　　単位：千円

		2006 年度	2010 年度	2014 年度	2018 年度
総収益		103,842	231,934	323,468	392,967
	売上高	74,030	99,359	210,312	281,268
	営業外収益	29,812	132,575	113,156	111,699
経費		102,781	200,514	281,263	369,579
経常利益		1,059	31,419	42,205	23,388
構成員への還元額		26,617	104,391	110,296	191,080

資料：T 法人の総会資料より筆者作成
注：1）各年度の期間は以下の通り。2006 年度は 2006 年 3 月～2007 年 2
　　　月、2010 年度は 2010 年 3 月～2011 年 2 月、2014 年度は 2014
　　　年 5 月～2015 年 4 月、2018 年度は 2018 年 5 月～2019 年 4 月。
　　2）構成員への還元額とは製造原価に含まれる、賞与、雑給、作業委
　　　託費、小作料、受託精算費、リース料の合計額である。

表 4-3　T 法人における経営の安全性指標の推移

	2007 年	2011 年	2015 年	2019 年	望ましい値
流動比率	9100%	562%	366%	503%	130%以上
当座比率	6057%	375%	287%	401%	80%以上
固定長期適合率	72%	71%	63%	45%	70%以下
固定比率	3989%	197%	110%	54%	100%以下
自己資本比率	2%	33%	48%	73%	50%以上

資料：T 法人の総会資料より筆者作成。
注：1）各年データの時点については、2007 年は 2007 年 2 月末日、2011 年は 2011 年 2 月末日、
　　　2015 年は 2015 年 4 月末日、2019 年は 2019 年 4 月末日である。
　　2）備考欄の「望ましい値」は、広島県（2012）より引用。
　　3）網かけは「望ましい値」をクリアしている項目である。

も黒字を維持している（**表4-2**）。なお、転作助成金を含む営業外収益も総
収益の大きなウエイトを占めている。経営の安全性指標（流動比率、当座比
率、固定長期適合率、固定比率、自己資本比率）も年を追って数値が改善し、
2019年時点では全指標が「望ましい値」をクリアしている（**表4-3**）。法人

経営は良好な状態にあると評価できる。

３．法人の特徴的な取組

（１）法人構成員の農業関与を促す仕組みとその狙い

　T法人では、運営委員会を設置して構成員や集落の意見を汲み上げる以外にも、構成員や集落の自主的取組を尊重するよう取り計らってきた。例えば、主食用米の作付面積を品種毎に法人から各集落に配分しているが（例：2019年度においてはあきたこまち７割、ゆめおばこ３割で配分）、個々の構成員への面積配分や調整は各集落に一任し、法人は関与していない。また、原種・採種用の水稲作付圃場や転作大豆の作付圃場は法人で栽培・管理するが、主食用米の作付圃場の栽培・管理は構成員がそれぞれ分担して行う仕組みは法人設立当初から変わっていない[3]。主食用米については、米代金の精算時には収量や品質に応じて構成員の手取りに差の出る枝番管理方式を採用している。

　その狙いは、構成員個々の自主的な取組を通して栽培技術の向上を図り、農業への関心を繋ぎ止めることにある[4]。地域の農地が全て借地になれば、大方の農家の農業・農村への関心が低下する。結果として人がいなくなり、地域社会を維持することも難しくなる。このため、法人の責任で栽培・管理する採種・原種用の圃場以外は、できるだけ利用権設定をしないようにしてきた。

　法人の構成員は農作業に従事すれば基本給として時給900円が支給され[5]、自前の農機具で作業を行えば法人から借上料が支払われる[6]。高齢者や女性も野菜や花卉の栽培管理を担当する。法人が行う事業（作業）に関わるほど、構成員の収入が増える仕組みになっている。毎年、延べ人数にして年間3,500人程度が作業に従事するなど、法人は老若男女を問わず多くの構成員に就労の場を提供している。これらを含めた構成員に対する収益還元額は法人の事業規模の拡大に伴って増加し、2019年は1.9億円に達している（前掲**表4-2**）。

表4-4 法人構成員の「状態」別の収入

法人構成員の「状態」	機械借上料	主食用米販売額	転作地代	農作業出役労賃	地代(小作料)	備考
現役 (自己所有の機械で作業) ↓	●	●	●	●		
機械作業委託 (機械作業以外は行う) ↓		●	●	●		
セミリタイヤ (野菜作部門等を手伝う) ↓				●	●	法人へ利用権設定
リタイヤ (農作業は一切行わない)					●	法人へ利用権設定

資料:T法人への聞き取り調査結果をもとに筆者作成。

　このように、法人構成員は加齢や機械の老朽化に伴い、たとえ「現役」を退いたとしても、「リタイヤ」するまで柔軟に従事可能な作業を選択し、一定の収入を得ることができる（**表4-4**）。そうした法人の取組の結果、2019年時点において、農業に全く関与しない不在地主的な構成員は存在していない[7]。

（2）大規模な団地的土地利用によるスケールメリットの追求

　T法人における構成員の農業関与を促す仕組みを維持するためには、人件費も含めて相応の費用がかかる。そこで、T法人が設立当初から取り組んで来たのが大規模な団地的土地利用によるスケールメリットの追求である。

　法人は集積した水田圃場の利用マップを作成し、構成員の了解の下で計画的に利用してきた。その場合、法人が秋田県から生産を依頼されている水稲の原種および採種用の圃場を最初に確保する。次に2年ごとのブロックローテーションによる転作大豆用の圃場を決める。残りを主食用米の作付地として構成員に配分している[8]。多少古い情報であるが、**図4-2**は2013年の圃場利用図である。灰色部分の大豆作付圃場、黒色部分の原種・採種圃場が団地

第4章　枝番集落営農を主体とした持続的地域農業の展開条件

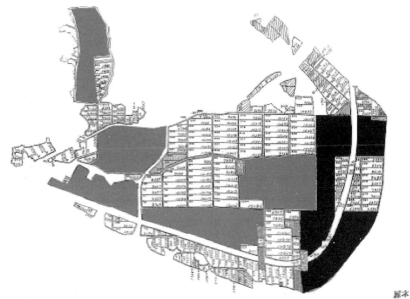

図4-2　T法人における作付圃場図（2013年）
資料：T法人提供資料をもとに筆者作成。
注：灰色部分が大豆作付圃場、黒色部分が原種・採種圃場。その他大部分の圃場は
　　主食用米作付地である。

化されていることが一目瞭然である。

　この結果、水稲や大豆作業の労働時間は秋田県平均の半分程度に削減された（工藤修、2018a）。大豆の単収は秋田県平均の1.2倍となり（工藤修、2018b：p.55）、多額の転作助成金も支給されている。米や大豆用の肥料、農薬等各種資材はT法人が一括して割安で購入し、それを構成員に提供している。そして、秋田県農業試験場と協力して作成した独自の減農薬・減化学肥料の栽培暦を構成員に配布し、栽培方法の統一を図っている。栽培暦に沿って生産された特別栽培米は、農協と卸経由でイオンに販売している[9]。構成員が法人に作業委託する場合の料金は、例えば米収穫作業が9,500円/10aと農業委員会が設定している約15,000円/10aを大きく下回る。法人所有のライスセンターによる米の乾燥料金も設立当初の28.3円/kgから2019年度は16円/kgと大幅に引き下げている。いずれもスケールメリットの発揮による低コ

73

スト化が実現したからである。

（3）若手従業員の確保と育成[10]

　以上のような構成員の法人関与の仕組みを埋め込むとともに、T法人では、設立当初から後継者の育成・確保に取り組んできた。法人設立から2年後の2007年度に早くも当時20代の若手の人材2名を従業員として採用した。その後、法人の収益増加に伴って、2年に1名の割合で栽培部門に新規採用し、2019年時点で栽培部門の従業員は10代から40代の男性7名に増えている。採用時には国の「農の雇用事業」を活用したが、事業終了後は全て法人で人件費を負担している。

　法人の従業員は作物別部門担当制がとられ、各部門の繁忙期にお互いの作業を手伝う以外は自分が担当する部門の作業に専念する。従業員の配置は技術レベルや適性を勘案して法人の代表が決める。さらに、1〜2年に一度の割合で従業員の部門間ジョブローテーションを行い、マルチに作業をこなせる人材の育成に努めている。人事異動のタイミングは従業人が担当している部門の作業習熟度を判断して決める。

　最初の従業員になった現在40代の代表の子息は、従業員と代表のパイプ役として統括主任という役職についている。その役割は、現場作業の監督、代表が提示した指示の伝達、職場コミュニケーションの円滑化、などである。

　さらに、従業員のスキルアップを図るため、部門担当制とジョブローテーションによるOJTや法人の全学費用負担による農業試験場への派遣研修などOff-JTに、従業員個々人の技術レベルを見極めながら取り組んでいる。給与水準は地元の農協に準じた俸給表を作成し、毎年昇給するほか、年2回の賞与と技能手当など各種手当を支給している。加えて、毎日作業日報を提出し、内容によって年度末に金一封が出ることもある[11]。代表と年1回面談の機会を設け、評価内容等を従業員に伝えている。こうした配慮の行き届いた人事管理に従業員が満足しているからであろう、T法人の栽培部門における従業員の定着率はほぼ100％と極めて高い[12]。

74

（4）冷凍加工事業の導入

　法人にとって、大豆の調製作業や除雪以外に、冬期間の就業機会確保が長年の懸案事項であった。その解決に向けて大きな転機となったのが、野菜加工・冷凍事業の導入であった。2012年に「大規模法人による業務用野菜の生産・加工の周年供給モデルの確立」を目指す秋田県の補助事業が採択され、具体的な取組が始まった[13]。法人の近くで廃校になった中学校の校舎を野菜の加工・冷凍施設として活用し、地元で生産した野菜を加工・冷凍して供給することとなった。

　加工・冷凍野菜は、秋田県内の病院食や大仙市内の学校給食の素材として幅広く供給することとした。原料野菜を確保するために、同じ大仙市協和地区の複数の農業法人にも、カボチャ、ニンジン、ジャガイモ、ブロッコリー、サトイモ、小松菜、枝豆など多品目の栽培を依頼した（**図4-3**）。加工・冷凍施設には近隣から新たに5名の従業員を採用し、2013年9月から稼働を開始した。翌14年度からは本格的な学校給食等への供給が始まった[14]。

　T法人が野菜の加工・冷凍に取り組んだのは、その事業に大きなメリット

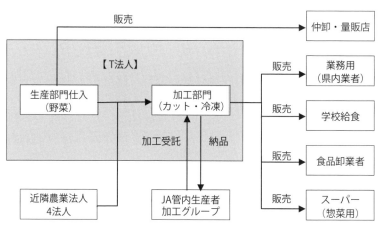

図4-3　T法人の加工・冷凍事業の概要
資料：工藤修（2018b：p.56）より引用。

を見いだしたからである。第1に、普通の野菜出荷に比べても遜色のない経済性である。系統外流通であるので、手数料はかからず、専用の段ボールも不要となり、流通経費を削減できる。また野菜をカットすることにより、従来の流通では販売できなかった規格外の野菜も活用できる。第2に、実需者にも生じるメリットである。事前にカットされた野菜を使用することによって調理時間を削減でき、人件費の節約が可能となり、また調理の際に発生する残渣も減らすことができる。第3に、冷凍保存による柔軟な供給体制の構築である。カットした野菜を冷凍で長期間保存しておくことで、突発的な需要にも対応可能となる。また、生鮮野菜の端境期となる冬期にも供給可能である。第4に、一次加工品のもつ低い販売リスクである。例えば、ドレッシングや漬け物といった消費者の口に直接入る「最終形態」の加工商品は、その時々の流行に売れ行きが大きく左右され、ハイリスクハイリターンである。カット野菜は調理済の完成品ではないので、流行に左右されず、供給・販売先を確保しやすい。

このように、長距離輸送向きの冷凍技術をあえて「地産池消」に活かすとともに、冷凍加工によって新鮮な野菜の年間供給も可能になった。いわば「地産池消型コールドチェーン」を構築することで遠隔地や雪国のハンディキャップを相当程度乗り越えることができるようになった。

（5）新技術の導入

法人の設立から10年以上が経過し、構成員の高齢化も進行した。稲の生育斑も多少目立つようになった。経験豊富な構成員のリタイヤに伴って、法人の従業員が大圃場のきめ細かな管理作業を行うことは容易でなくなってきた。

こうした中、2016年にリモセンによる圃場管理技術を法人では導入した[15]。リモセンの管理対象面積は、2016年22.6ha、17年36.5ha、18年47.6haと徐々に拡大している。稲作の生育状況が「見える化」されたことで、生育不良圃場の土壌診断をピンポイントで実施し、肥料設計を変更出来るようになった。その結果、当該圃場の平均収量は7俵/10aから9.7俵/10aに向上した。こう

第4章　枝番集落営農を主体とした持続的地域農業の展開条件

した経験を積み重ねることで「生育データ」と「土壌成分」の理想値が把握できるようになり、安定的に11俵/10aを収穫する可能性も見えてきた。大ロットのあきたこまちをイオンに出荷している法人にとって、リモセン技術活用への期待は大きい。

2018年には情報支援機能付コンバインを1台導入した。このコンバインは作業時間、移動時間、収穫場所、圃場毎の収量などを自動的に記録できる。これで大幅に時間コストが節約された。2019年からは、農研機構や民間会社と協力して、最新鋭のコンバインとリモセン技術を組み合わせた安定多収の実証栽培試験を行っている[16]。

こうした一連の新技術の導入は、法人の将来を見据えた投資であり、従来農法の変革を促す挑戦でもある。その成否を含めて法人の将来は、生産現場の最前線に立つ若手従業員の肩にかかっている。

4．おわりに

枝番集落営農でもあるT法人の最大の特徴は、5集落のほぼ全戸の農家が参加する経営面積300ha規模の大規模農事組合法人を設立し、一挙に規模の経済を発揮する経営基盤を確立したことである。この結果、構成員の農業関与を促す仕組みを埋め込むと同時に、機械施設の効率利用による生産コストの削減、部門別分業による業務の専門化、参加農家の総意に基づく意思決定、経営管理の集中化などが可能となり生産性、収益性が向上した。農地の権利取得による個別経営の規模拡大とは、明らかに発想の異なる経営戦略が功を奏したといえよう。

次いで経営の多角化戦略にも目を見張るものがある。とりわけ注目されるのは野菜の加工・冷凍施設を活用した「地産地消型コールドチェーン」事業である。手厚い補助金があるから始めた訳ではない。厳しい就労の季節性、遠隔地のハンディキャップといった相対的劣位を乗り越え、学校給食への食材提供など用途や顧客を絞り込んだ公共性・持続性の高い事業部門を立ち上

77

げるという明確なビジョンに立脚した戦略である。

　この部門の加工原料野菜については、企業内だけでなく周辺の農家や生産組織など複数の生産者にも栽培を依頼した。原料生産を一部アウトソーシングすることで法人サイドは加工・冷凍製品のラインナップが広がり、周辺農家や生産者は信頼できる安定供給先を確保するという相乗効果が期待できるからである。これによって5集落内の構成員農家とはもとより周辺農家とも農業を通してビジネス交流が出来るコミュニケーションネットワークの領域が広がった。

　T法人のような大規模複合経営体は従業員のモチベーションも経営の動向や成果を左右する。構成員の期待や関心は集落総参加型T法人に対する信認の証であり、これを喪失すると経営展開も危うくなり兼ねない。多角化戦略のビジネスパートナーを獲得できるかはT法人の経営実績と社会的信頼が決め手になろう。こうした観点から見てもT法人の取組は熟慮の跡がうかがえる。

　T法人の経営には、「安定した組織基盤と将来性」「地域社会を支える理念や戦略」「自己裁量の余地がある仕事の醍醐味」「OJTやOff-JTによるスキルアップ」「先端技術や機械設備の導入装備による技術革新への挑戦」「新事業領域の開拓」「風通しのいい職場風土」「経営陣の人的魅力」「適正な評価に基づく待遇」など、従業員のモチベーションを高める多くの要素が備わっている。従業員の定着率が100%と高いのも頷けよう。経営を受け継ぐ人材も育っている。

　構成員がT法人に期待と関心を寄せ続けるのは、可能な限り米作りや法人の仕事に従事することで収入を確保できる仕組みが備わっているからである。多くの農家が長年培った農業に関わりながら近隣の仲間と共に暮らし続けることに配慮した、この法人ならではの社会貢献である[17]。T法人のこうした取組は、高い経営実績と共に多角化戦略のビジネスパートナーにも伝達され、相互信頼に基づく事業拡大を推進する原動力にもなった。

　最後に、T法人の活動が示唆する枝番集落営農を核とした持続的地域農業

の展開条件を抽出してみると、「多様な農家参加型集落営農経営体の創設」「地域合意による規模の経済の実現」「用途と顧客を絞り込んだ地産地消型多角化戦略」「モチベーションの向上に配慮した業務の設定」「社会貢献活動による信頼の確保」、といったことが指摘できよう。具体的な取組は地域によって異なるとはいえ、少なくとも特定の担い手に対する政策誘導的な農地集積による構造改革路線とは一線を画した実践であることは確かである。

注

1）安藤（2006：p.3）も「手間ひま金をかけずに農地を守る」ことが集落営農の本質にあると指摘している。

2）T法人の設立に尽力した代表によれば「初めは5集落それぞれで集落営農をやろうかという話がありました。けれども、50〜60haぐらいの規模で集落営農を設立したとしてスケールメリットがどうなるのか、担い手がどうなるのか、様々な問題点が浮き彫りになりました。その後、アンケートを取ったり、関係機関からご指導をいただいたりしながら、最終的には5集落を一つにまとめることになりました」とのことである（工藤修、2018b：p.54）。なお、法人設立の詳細なプロセスについては、工藤昭彦（2009：pp.22-23）を参照のこと。また、法人設立時の構成員は119名、経営面積は260haであった。

3）2019年12月5日に行った法人代表への聞き取りによれば、主食用米稲作の基幹3作業のうち、春のトラクター作業は構成員自身で実施している面積が7割と多いものの、田植え作業はその大半を法人が受託し、秋の収穫作業も法人が面積の8割を受託しているとのことであった。

4）田代（2020：pp.201-202）は「枝番管理はまさにその圃場差や個別差を評価・反映させる（尊重する）仕組みであり、総体としての土地生産力を高める仕組みである」と述べている。

5）この金額は秋田県の最低賃金時給790円（2020年4月15日時点）より100円以上高い。

6）トラクターの1日当たり借上料は労賃込みで18,400円である（2018年時点）。大豆圃場の耕起作業は、多い時で30〜40台のトラクターで一斉に行われる。

7）2019年12月5日に行った法人代表への聞き取りによる。

8）「ブロックローテーションに伴う再配分を繰り返すうちに、組合員は自分の所有する農地へのこだわりが徐々に薄れ、どこの農地を割り当てられても苦情

が出なくなっていった」（中村・渡部、2012：pp.142）。

9） 法人は、稲作の生産工程管理においてイオンが定めた「AEON GAP」を導入
している。また、全国に先駆けて二酸化炭素排出量の「見える化」を目指し
たカーボンフットプリントにも取り組んだ経験もある。

10） 本項の内容は釼持（2018）に多くをよっている。

11） 代表によれば「３月は通帳を見て、年度末賞与という形でボーナスを出しま
す。その時は、50％は平等に出し、残りの50％は作業日報を見て、自分の作
業や置かれている立場をどれだけ認識しているのか、これからどのように
やっていくつもりなのか等についてきっちり見定めて決めます」とのことで
ある（工藤修、2018b：pp.56）。

12） T法人従業員への聞き取り調査結果より釼持（2018）は、①従業員の能力・
適性をふまえた人員配置、②質問・相談しやすい労働環境、③先輩従業員か
らの指導、④従業員の資質に応じた必要な免許・資格の見極めと取得経費の
法人負担、⑤日々の作業目標や求められている技術の「見える化」、⑥給与額
と定期昇給、⑦担当業務を任せてもらえていることへのやりがい、等を従業
員の具体的な満足点として指摘している。

13） 事業規模は総額1.1億円、秋田県と大仙市から合計で５割の補助を受けた。

14） 多少古い数字であるが、2015年度はカット冷凍・カット野菜合計で2,000万円
の販売額を見込んでいた。製造割合は、カット冷凍野菜とカット野菜でおお
よそ７：３である。カット冷凍野菜は周年で出荷しており、そのうちの８割
以上を学校給食、残りを介護施設へ販売した。カット野菜は秋田県内のスー
パー等へ販売した。供給する野菜は法人だけでは不足するので、近隣の４つ
の農業法人から仕入れていた。

15） リモートセンシング導入とほぼ同じ時期に試験的に開始したのが、表4-1に
示した「密苗」栽培である。密苗は、①育苗期間が通常よりも短い、②10a当
たりの苗箱数も少なくて済む、というメリットがあり、田植作業時期の分散
化、作業効率向上が見込めることから導入面積が伸びている（2017年30a、
2018年10ha）。取組の詳細については、ヤンマー website（https://www.
yanmar.com/jp/agri/cases/57583.html、最終アクセス日：2024年８月28日）
を参照のこと。

16） 実証試験の詳細は、東北ハイテク研セミナー（2019）「秋田県におけるスマー
ト農業取組の現状」講演資料（http://www.tohoku-hightech.jp/file/seminar/
P2_touhoku.pdf、最終アクセス日：2024年８月28日）を参照のこと。

第4章　枝番集落営農を主体とした持続的地域農業の展開条件

17) 法人代表曰く「土地を活用して構成員の所得向上を図ることが重要だ。なん
　でも法人がやってしまったら5つの集落を壊してしまう。昔からある良いも
　のは残していきたい」とのことであった（2013年8月2日実施の聞き取り調
　査結果より）。

第5章

「地域まるっと中間管理方式」を活用した
枝番集落営農の再編
―岩手県紫波町における取組を事例に―

1. はじめに

　2020年農林業センサスにおいては、①農業経営体数、②経営耕地面積、③基幹的農業従事者数という、わが国農業に関わる3つの基本的指標の減少幅が近年拡大している実態が示された（安藤、2023など）。特に、大規模農業経営体とその借地率が増加したにもかかわらず、直近5年間の経営耕地面積減少率は過去最大となり、大規模経営体へ農地集積を進めるだけでは農地を守れないことが浮き彫りになった。

　一方、農業構造に大きな影響を与える農地政策に目を向けると、いわゆる「官邸農政」の象徴の一つでもあった農地中間管理事業の推進に関する法律（以下、管理法）が施行され10年が経過した[1]。この間、2019年の改正など、運用上の紆余曲折はあったものの、2013年に閣議決定された「日本再興戦略」において示された日本農業の10年後の姿の一つ「担い手が利用する農地面積を全農地面積の8割（現状5割）に拡大」を実現すべく、担い手への農地集積が推進されてきた点では一貫している[2]。しかしながら、目標期限である2023年度末時点での実績は60.4%と目標の数字を大幅に下回った。

　管理法下10年間の実績に着目すると、管理法施行当初は6万haを超えていた担い手の集積増加面積はその後減少し、直近2023年度は約2万haと2015年度の4分の1の水準にとどまっている一方、耕地面積はこの10年間、毎年着実に減少している（**図5-1**）。結果、担い手への集積面積は2013年度末の220.8万haから2023年度末の259.3万haへ38.5万ha増加しているものの、

図5-1　管理事業下の担い手集積面積と耕地面積の増減

資料：農林水産省『農地中間管理機構の実績等に関する資料』（各年度版）、農林水産省統計部『耕地及び作付面積統計』より筆者作成。
注：耕地面積の増減については、当該年のデータから前年のデータを差し引いて算出した（例：2014年度の増減は2014年のデータから2013年のデータから差し引いて算出）。

耕地面積は2013年の453.7万haから2023年の429.7万haへと24.0万ha減少した。この間の農地集積が非担い手から担い手へ向けて行われたものと単純に仮定すれば、非担い手が耕作を止めて手放した62.5万haの耕地のうち、担い手が集積できたのはその約6割にあたる38.5万haにすぎないことを意味する。また、この間の47都道府県における担い手への集積増減面積と耕地増減面積との関係をプロットした図5-2からは、両者に反比例の関係があることすらうかがえる。

　このように、管理法下においては、担い手への農地集積が政策の狙い通りに進まなかっただけでなく、耕地面積の減少を食い止めることもできなかった。過去の農地制度が朝令暮改的な改正を繰り返しながら今日に至り、その過程で特定の担い手に対する農地の流動化も期待したほど進展しないまま、農地の減少・荒廃が加速されてきた実態は既に指摘されてきたが（工藤・角田、2021）、管理法施行後もそうした状況に歯止めがかかっていない。

　しかしながら、国富としての農地が喪失していく中で、残された条件の良い農地のみが虫食い的に担い手によって耕作されても、それは国土の保全、

第5章 「地域まるっと中間管理方式」を活用した枝番集落営農の再編

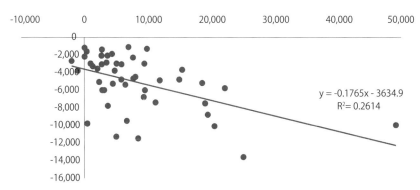

図5-2　担い手への集積増減面積（横軸）と耕地増減面積（縦軸）の関係：都道府県、2013～2023年度［単位：ha］

資料：農林水産省「農地中間管理機構の実績等に関する資料」、農林水産省統計部「耕地および作付面積統計」より筆者作成。
注：集積面積は2014年3月および2024年3月時点、耕地面積は2013年7月および2023年7月時点のもの。

良好な農村環境の維持にはつながらない。また、農家同士の共同労働によって維持管理されてきた歴史をもつ農地は、一体的・総体的に保全・管理されてこそ、地域コミュニティの維持にもつながる。そうした農地の一体的・組織的維持管理手法については、地域単位における農地の一括利用権設定とその再配分といった形で全国各地において実践されてきた経緯がある[3]。とはいえ、その必要性は理解されながらも、①農地の転用期待、②農地への執着心や愛着心、③農地の立地条件、などがその取組を難しくしている点も指摘されてきた（工藤昭彦、1999）。

そして近年、にわかに注目を集め、全国で取組が拡大しているのが、可知（2021）が提唱している「地域まるっと中間管理方式」（以下、まるっと方式）による地域内の農地全てを一体的に管理することを目指した農地集積の取組である。まるっと方式は、近年急速に取組が広まっており[4]、担い手への農地集積と地域農地の一体的保全を目指した実践的なチャレンジとなっている。

本章では、枝番集落営農を再編するにあたりまるっと方式を活用して法人

化に取り組んだ事例をとりあげる。近年全国各地で広がりを見せているまるっと方式の特徴は、特定農作業受委託の活用によって、既存の農業構造に手を触れることなくスムーズに法人化を目指せる点である。こうした取組を選んだ背景およびその効果について考察する。

２．「地域まるっと中間管理方式」の概要と普及状況

（１）まるっと方式の概要

　本章で扱うまるっと方式は、既述のように可知（2021）が提唱したものであり、「地域の農地をまるごと農地中間管理事業に乗せて守っていこう」という取組である。その流れを示せば、農地の利用権が持てる一般社団法人を立ち上げ[5]、地域にある全ての農地を農地中間管理機構（以下、機構）に一旦貸し出し、設立した法人がそれらの農地を機構から借り受け、法人は直接経営を行うとともに自作希望農家と特定農作業受委託契約を結ぶ、というものである。

　この方式には、①担い手と自作希望農家とが共存できる、②非営利型一般社団法人として設立することで収益事業以外（地域集積協力金や各種交付金）が非課税になる、③事業に制限がなく総合的に地域づくりに取り組める、④農事組合法人と比較して設立が容易である、⑤農地中間管理事業の活用を通じて地域集積協力金を受け取ることができる、といったメリットがあることが指摘されている（可知、2021；紫波町産業部産業政策監、2022）。とはいえ、②〜④といった一般社団法人が農業経営を主宰することによって生じるメリットは山本（2017）や森（2020）によって既に指摘されているところであり、特段注目すべきものではない。まるっと方式の近年の広がりの大きな要因となっているのが、①と⑤のメリットである。前者については、特定農作業受委託の活用を通じて「法人に農地をいったん集めた上で希望する農家が個別に営農を継続できる」ことでもあり、「農家が離農しても、法人が直営したり、地域一体で対応を検討したりすることができる」という安心感

第 5 章　「地域まるっと中間管理方式」を活用した枝番集落営農の再編

に結びつく（日本農業新聞、2022）。そして後者は言わずもがなの経済的メリットであり、多額の交付金獲得は取組への大きなインセンティブになっていることは想像に難くない。

（2）まるっと方式の普及状況

　まるっと方式が全国でどの程度取り組まれているのかを示したのが**表5-1**である。2023年3月時点では13の事例が確認されており、その多くが、担い手も少なく、不利な農地条件に置かれている中山間地域において取り組まれている。その背景として、紫波町産業部産業政策監（2022：p.13）は、大規模経営が少なかった条件不利地域において農地中間管理事業がこれまで活用

表 5-1　「地域まるっと中間管理方式」の全国における取組（2023 年 3 月時点）

No.	所在地		一般社団法人 設立時期	農業地域 類型	法人集積 面積（ha）	地区内 集積率
	都道府県	市町村				
1	福井県	小浜市	2018 年 5 月	平地	71.1	97%
2	愛知県	豊川市	2018 年 6 月	中間	34.5	91%
3	愛知県	豊田市	2019 年 1 月	山間	8.5	100%
4	岩手県	紫波町	2020 年 8 月	中間	46.2	85%
5	鳥取県	日南町	2020 年 12 月	山間	70.4	約 8 割
6	岡山県	津山市	2021 年 4 月	平地～山間	17.0	－
7	奈良県	奈良市	2021 年 8 月	山間	22.3	55%
8	岩手県	西和賀町	2021 年 9 月	山間	62.0	78%
9	岩手県	滝沢市	2022 年 8 月	中間	75.3	84%
10	岩手県	滝沢市	2022 年 8 月	中間	80.5	84%
11	福島県	磐梯町	2023 年 1 月	中間	41.6	70%
12	福島県	泉崎村	2023 年 2 月	平地	119.0	75%
13	福島県	石川町	2023 年 3 月	中間		

資料：可知祐一郎（2023）「地域の農地を守る新たな選択肢－「地域まるっと中間管理方式」とは？－」、令和 5 年度農村 RMO 推進フォーラム（東海）、2023 年 12 月 14 日、https://www.maff. go.jp/tokai/ noson/keikaku/chusankan/attach/pdf/nousonrmo-17.pdf（最終アクセス日：2024 年 1 月 15 日）、農林水産省（2023）「令和 4 年度版農地中間管理事業の優良事例集」、https://www.maff.go.jp/j// keiei/koukai/kikou/attach/pdf/nouchibank-62.pdf（最終閲覧日：2024 年 1 月 15 日）、「滝沢市ホームページ（農林業トピックス）」、https://www.city. takizawa.iwate.jp/norin（最終アクセス日：2024 年 1 月 15 日）、「大沢地区 地域農業マスタープラン（実質化された人・農地プラン）」、https://www.city.takizawa.iwate.jp/var/rev0/ 0128/1970/oosawa.pdf（最終アクセス日：2024 年 1 月 15 日）、公益財団法人福島県農業振興公社（2023）「あぐりサポートニュース」第 72 号、https:// fnk.or.jp/wp/wp-content/uploads/2023/12/bf3c20efc4ca7efa838c0fa58d8c8248.pdf（最終閲覧日：2024 年 1 月 15 日）、公益財団法人福島県農業振興公社（2023）「令和 4 年度農地中間管理機構の事業報告書」、https://fnk.or.jp/wp/wp-content/uploads/2023/06/e97bd5891ebebdba8c25 dc4e2b9cf812.pdf　（最終閲覧日：2024 年 1 月 16 日）、をもとに筆者作成。

注：「－」の欄は実態が把握できなかったもの。

されてこなかった点を挙げている。集積面積については、小さなものでは10ha未満、大きなものでは100haを超えており、取組の規模は多様である。集積率については55 ～ 100%の範囲であるが、概ね7割以上の値であり、取組の多くは地域内農地の大部分を集積している。また、当初西日本諸県の取組が多かったが、近年は岩手や福島といった東北において取組が広がっている。

　また、まるっと方式へ取り組む契機については、各地域の農家、農業委員、農地利用最適化推進委員、市町村の農業担当職員らが、可知氏の提唱内容をインターネットを通じて知ったり、先行地域の情報を雑誌を通じて仕入れたりしたことがあったが（可知、2021：pp.62-72）、今日ではいくつかの機構においても、その事業計画に位置づけられるに至っている。例えば、京都府農地中間管理機構（京都府農業会議）の2022年度事業計画においては「集落連携100ha農場づくりや集落営農の広域化に取り組む地域において「まるっと中間管理方式」による農地集積・集約化を推進」（京都府農業会議、2022）するとされている。また、福島県農地中間管理機構（福島県農業振興公社）では、2021年度より独自事業として、まるっと方式を活用した集落営農法人の立ち上げに対する支援事業を行っている[6]。

3．事例分析〜x集落における取組〜

（1）対象地域の農業概況とまるっと方式の導入過程

　本節で扱うのは、岩手県紫波町x集落における取組である[7]。当集落は町内の旧「志和村」に属し、中間農業地域に含まれる。2020年時点において、集落内の耕地面積は50ha、うち田40ha、畑10haであり、兼業農家が多数を占める水田地帯である。また、品目横断的経営安定対策導入を契機に設立された集落営農組織「x営農組合」が36戸の構成員で活動を展開してきた、そこでは、水稲は枝番管理、転作の小麦は組合の小麦部会においてプール計算方式で精算していた。農作業・転作作業の受け手として機械利用組合が別に

第５章 「地域まるっと中間管理方式」を活用した枝番集落営農の再編

存在しており、営農組合では農機具を所有していなかった。

　まるっと方式導入に向けた動きは次のとおり。2019年10月に集落内の大規模経営者が急逝したことを契機として、農地の扱いに困った農家から営農組合に相談があり、それを組合長が紫波町役場へつないだところ、役場の担当者からまるっと方式を紹介された。同年12月に法人化説明会が開催され、構成員にまるっと方式の持つメリットが説明された。2020年２月開催の説明会においては加入同意書・農地貸出同意書が集約された。同年７月の説明会では、機構への貸出希望農地申込書が集約され、同年８月に一般社団法人Xが設立された（旧構成員36戸から33戸が参加。３名が認定農業者、うち２名が５～10haの経営規模）。同年11月にx地区農用地利用改善組合が設立、同年12月に一般社団法人Xは特定農業法人として認定され[8]、2021年２月に機構と賃貸借契約を締結した（集積面積46.2ha）。その関係を示したものが図5-3である。

　2021年度、水稲は個別農家、転作（小麦、そば）は機械利用組合が特定農作業で受託し、WCS部門を法人が直営する形式をとった。法人として農機具や施設は保有しなかった。また、法人は中山間地域等直接支払制度交付金の受け皿にもなっており、2021年９月に棚田地域振興法に基づく指定棚田地域活動計画が認定され、棚田地域振興活動加算が受け取り可能となり、地元にある遺跡の観光地化に着手した。交付された地域集積協力金約１千万円は

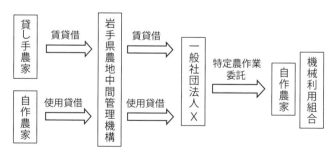

図5-3　一般社団法人Xと各主体との農地をめぐる関係
資料：紫波町産業部産業政策監（2022：p.24）より筆者改変。

歴史的遺産検証、公民館のリフォーム、機械（ドローンとリモコン式草刈り機）購入に、それぞれ3分の1ずつ活用した。2022年度時点で実際に農作業を行っている会員は29名である。作付は水稲35ha（うちWCSが2ha）、小麦12haである。2021年度と同様、直営部門はWCSのみである。2023年度については、小麦を直営部門に組み入れる予定である。ただし、特定農作業委託を農作業委託に変更するだけで、法人が作業を外注する従来の実態とは変わらない。

まるっと方式導入後、4名の構成員が導入後に離農したが、それらの農地については、そのまま他の構成員に特定農作業で委託することができ、耕作放棄を未然に防止できている。

（2）法人の経営状況

法人設立初年度2021年度の経営状況を確認しておこう。まず、直営部門（WCS）における収入は水田活用直接支払交付金85万円のみであり、その収入で肥料・農薬代、土地改良費、作業賃金、堆肥散布委託料、賃借料を賄ってプラマイゼロである。一方、地域資源管理部門における収入は、会員が特定農作業受委託契約をふまえて法人に支払う受取圃場管理費が約300万円、中山間地域等直接支払交付金が約180万円、計480万円余りである。支出は土地改良費、賃借料それぞれに約240万円を支払い、こちらもプラマイゼロである。ちなみに2022年度予算の収入・支出の構造もほぼ同様である。

直営部門がWCSのみということもあり、法人の直営部門収入は微々たるものである。また、直営部門に小麦が加わったとしても、法人が作業を行うわけではないので、たとえ収入が増えたとしても、それは法人の「経営努力」によるものではない。そうした意味では、現状の法人は「経営体」としての実態を有しているわけではない。

（3）町行政のまるっと方式導入への支援体制

x集落におけるまるっと導入において大きな役割を果たしたのが、上記の

役場担当者であるA氏である。紫波町出身のA氏は岩手県職員をリタイヤした後に、2019年4月に紫波町産業部内に設置された産業政策監における農村政策フェローに就任した。その業務内容は「産業部内の重要かつ緊急な政策課題の解決や横断的な取組を推進し、農商工・観光、食産業等の地域産業の振興と地域内経済循環を図り、農村の活性化に資することを目的にしています。農業をはじめ産業の抱える課題は多様であり産業活性化のためには、時代を先取りした政策案能力、実践力が求められているため、産業政策監では農村政策フェローを設置し、専門的な見地から部内横断的な課題を調査研究し、各課連携のもと施策を講じることとしています。」（紫波町産業部産業政策監、2023：p.6）というものである。フェロー就任後、A氏は紫波町内において様々な関係者からの相談に応じ、それに対応する中で様々な課題を設定し、調査研究を進める傍らで収集した先行事例の実績や経験にもとづいて、町内の地域特性に合わせる形でリーディングプロジェクトとして実践してきた[9]。まるっと方式の実践もプロジェクトの一つに今日位置づいており、その始まりは、x営農組合長から相談を受ける中で、A氏が他地域の取組を紹介したことにある。A氏は、①地域の目的が所得確保より耕作放棄地発生を防止することを優先している、②当面は主たる従事者の目標所得達成が難しい、といったx集落における農業事情を鑑みて、一般社団法人を特定農業法人として設立することを提案するなど、法人設立に至るまできめ細かな指導とサポートを行ったほか、設立後も随時相談にのっている。

（4）今後の展望

　まるっと方式導入を働きかけた役場担当者A氏および法人理事長が口を揃えて指摘するのが、法人設立はゴールではなくスタートであること、そしてできるだけ早期に法人の直営部門を拡充し、雇用ができる法人になり、経営体として法人が持続できるようにならなければならないこと、である[10]。今後、会員の高齢化・リタイヤが進行するに従って増加は避けられない法人直営の農地において収益をいかに確保・向上させていくのかが問われることに

なる。そうした引き受ける農地を集約し、効率的に農地を活用できる環境を整えていくことが当面の課題となる。そして中長期的には、50ha弱という限られた集落内農地の下で従来どおり土地利用型作物に特化した経営戦略をとるのか、労働集約作物の導入や六次化の取組等の新たなチャレンジに踏み出すのか、集落の枠を出て他地域の農地を引き受けるまたは作業を受託するのか、様々な方向性が想定される。

4．おわりに

　まず振り返っておきたいのが「まるっと方式」活用の前提となる農地中間管理事業への評価である。多少長い引用となるが、安藤（2021：p.69）は「（農地中間管理…筆者）機構自体は事務処理組織であり、実際の農地の借受けは市町村、正確にはこれまで農地集積を推進してきた仕組みがそのまま活用され（中略）た。鍵を握っているのは機構ではなく市町村であり、その下の推進体制なのである。農地行政を根本的に変革する制度ではあったが、機構から市町村に業務を委託し、その下で地元での話合いを通じて農地集積を進めていくという手法でなければ機構は機能しない」と述べている。農地の組織的維持管理や利活用の面では、過去に市町村単位で推進されてきた農地保有合理化事業や農協も推進主体となっていた農地利用集積円滑化事業が一定の成果を挙げていたにもかかわらず、半ば強引に導入された農地中間管理事業は「屋上屋を架す」（渡部、2020：p.18）政策であったといえる。

　本章で分析したまるっと方式においては、機構の行うべき農地利用の再配分機能を一般社団法人が果たす建て付けとなっており、機構は農地の仲介や斡旋において直接的役割を果たしておらず、農地貸借のバイパス組織にすぎなかった。そして、まるっと方式の大きな特徴の一つが一般社団法人の設立とその下での特定農作業受委託事業の活用であった。前者は交付金の非課税化、事業範囲に制限なし、設立もしやすいといった「取り組みやすさ」につながり、後者は法人加入後も個別営農を実質的に継続できるという農家に

第5章 「地域まるっと中間管理方式」を活用した枝番集落営農の再編

とっての「受け入れやすさ」に結びついていた。分析事例が枝番集落営農に取り組んでいたことも、まるっと方式をスムーズに導入できたことの一因であった。これは見方によっては、枝番集落営農タイプの地域農業構造、すなわち実質的に個別営農が広範に展開している農業構造を「温存」させることにつながっていると評価できるかもしれない[11]。とはいえ、今までなし得なかった「農地の一括利用権設定」を実現できたことも事実である。まるっと方式の「取り組みやすさ」もさることながら、高齢化・後継者不足の深刻さ、農業を取り巻く厳しい環境なども、農地の転用期待、農地への執着心や愛着心といった「一括利用権設定」推進のハードルを下げたといえよう。

　これまではどちらかといえば、比較的豊富に地域に存在する担い手の棲み分けを目的として推進されることが多かったのが一括利用権設定であった。事例分析を通じて、枝番集落営農へのまるっと方式の導入は、当面は営農を続けるもののリタイヤ後に自分の農地をいかにスムーズに信頼できる地域の担い手へ受け渡していくのか、そしてその担い手をどのように育成・確保していくのかという、持続的に地域の農地を守っていくための農業再編へ向けた前向きな動きと捉えることができ、現状を維持してきた枝番集落営農においても普及拡大の余地が大きい取組といえる[12]。結論的に言えば、まるっと方式導入に向けた枝番集落営農の動きは、「縮小再編過程」（安藤、2018：p.12）に突入した日本農業において、地域農業の持続性確保を目指して住民の主体性を尊重した「再編起動」と捉えることができ、既存の政策や制度の枠組みを地域の実態に合わせて最大限活用するという地域の強かな姿勢がにじみ出ている動きともいえるだろう。過去に導入された経営安定対策に対する枝番集落営農の林立であったり、中間管理事業導入初期における既存の利用権設定からの「付け替え」対応であったりと、その都度わが国のムラ社会は政策のインパクトを吸収・処理してきた。そうした側面を再び現しつつも、これまで中々進んでこなかった一括利用権を設定し、一般社団法人という新たな主体を地域農業に持ちこめたことは高く評価することができよう。

注

1）「官邸農政」展開の詳細については田代（2023：pp.229-274）を参照。

2）「担い手」という単語は多義的な意味が含まれるが、日本再興戦略においては「法人経営、大規模家族経営、集落営農、企業等」のことを指している。一方、農林水産省が農地集積をカウントする際に用いる「担い手」とは「認定農業者、認定新規就農者、基本構想水準到達者、集落営農経営」を指す。

3）坪井（1999）は、1980年代から1990年代にかけての一括利用権設定をめぐる全国の実態と動向を整理している。

4）日本農業新聞（2024）によれば、11府県で22のまるっと方式に取り組む一般社団法人が設立されている。

5）2009年農地法改正により農地所有適格法人ではない法人でも農地を借りることが可能になった。

6）福島県農業振興公社ホームページ（https://fnk.or.jp/original/：最終アクセス日2024年8月31日）によれば、まるっと方式に関連する公社独自事業の内容は以下の通り。

　「新たな農業担い手育成支援事業」：農業従事者の高齢化と急激な減少が進む中、将来の地域農業を担う新規就農者の確保・育成や地域農業を支える新たな集落営農法人の立ち上げ等が必要であることから、公社が独自の事業により支援を行います。

　1　研修支援事業

　（中略）

　2　新規就農者への農地かけはし事業

（中略）

　3　集落営農支援事業

（1）地域まるっと中間管理方式導入支援事業

　農地中管理事業及び地域集積協力金を活用し、地域の農地をまるごと管理するような、新たな集落営農法人を目指す集落営農組織に対し活動支援金を交付する事業です。

（2）集落営農法人化支援事業

　地域まるっと中間管理方式導入支援事業により支援を受けた集落営農組織が法人化等をするための支援金を交付する事業です。」。

7）本節の内容の多くは、特に断らない限り、紫波町産業部産業政策監（2022）および2023年2月27日に実施したヒアリング内容（対象：産業部産業政策監

第5章 「地域まるっと中間管理方式」を活用した枝番集落営農の再編

農村政策のフェローのA氏、一般社団法人Xの代表理事）によっている。

8）法人が農業経営基盤強化促進法第12条に基づく経営改善計画の認定を受けた経営体（いわゆる認定農業者）ではなく、同法23条に規定する特定農業法人を選択したのは、第1に地域の目的が所得ではなく耕作放棄地の発生を防止すること、第2に基本構想に示す主たる従事者の目標所得の達成が困難であること、第3に特定農業法人になると認定農業者とみなされること、第4に特定農業法人になって地域の農地を責任を持って維持管理すること、以上の理由があった（紫波町産業部産業政策監、2022：p.23）。

9）リーディングプロジェクトの詳細については、紫波町産業部産業政策監（2023）を参照のこと。

10）2023年2月27日に実施した現地ヒアリング調査結果による。

11）筆者が調査したある県においてはまるっと方式導入に対して懐疑的な見方をしていた。懸念していたのは、まるっと方式のメリットとして指摘されている特定農作業受委託の活用についてである。一般社団法人が農地中間管理機構から借り受けた農地の大部分において既存の農家と特定農作業受委託を結んだ場合、地域の農地を担う法人の育成や経営基盤強化に結びつかない法人運営が行われてしまう可能性を指摘しており、まるっと方式の活用が担い手の育成や農地の集積・集約を阻害しかねないことを問題視していた。加えて、担い手への集積は所有権や利用権に基づき行うことが基本であるとも指摘していた。

12）田代（2023：pp.279）は「農地中間管理機構を利用した場合は（中略）、連担の対象となる担い手自体の確保政策の充実こそが現実的課題である」と指摘している。

終章

本書の要約と結論

1．本書の要約

まず各章の内容を要約する。

第1章では、経営安定対策導入に対応するために前身組織がないところから枝番集落営農を設立した秋田県平鹿地域のS営農組合を分析し、組織設立がもたらした効果とともに、枝番集落営農が果たしうる役割と意義について考察した。事例では、設立後も個々の営農形態を根強く残した状態で存続し、設立後も組織ぐるみで営農を行う形態へは発展しなかった。その一方、稲作共同作業関係や作業受委託関係といった構成員間の結びつきが強化され、構成員間の作業協力関係や信頼関係を創り出していた。さらに、構成員と後継者世代は、今後の組織活動へ関心と期待を寄せており、特に後継者世代は、自家稲作を継続し自分の家の水田を守ろうという意識も高く、組織に対して将来の雇用の場として大きな期待を寄せていた。このように、S営農組合は「集落営農のジレンマ」を回避し、自家農業のみならず集落・地域農業の将来の担い手を確保しており、枝番集落営農が自家農業と地域農業に「持続性」を付与するための「場」として機能しうることが明らかとなった。

第2章では、経営安定対策導入に対応するために、既存の転作組織をベースとして設立され、枝番管理を維持しながら経営を維持・発展させてきた宮城県加美郡における取組事例を分析した。事例において経営基盤の確立に貢献したのが、転作田団地化および飼料用米生産の導入による転作部門収益の確保であり、これによって園芸部門導入等による「集落ぐるみ」型の取組も可能になった。枝番集落営農という「器」の中で、効率的に土地利用型農業が営まれるとともに、専業農家層も営農を継続し、その他の構成員や住民は

97

所得を確保しつつ農業への関与を可能な限り継続するという枝番集落営農の発展の方向性が見いだされた事例である。その一方、時間の経過ともに、構成員の減少、園芸部門からの撤退という動きも生じており、特に構成員の減少については、高齢化によるリタイヤのみならず、個別志向農家の離脱という要因もあった。

　第3章では、複数の枝番集落営農が集まり、新たな枝番集落営農法人として統合・再編された佐賀県白石町における取組事例を分析した。事例においては、統合後も旧組織を作業班として残すとともに、構成員個々の枝番が維持されていた一方、自作農として経営を発展させたいと考える構成員の脱退が相次いでいた。こうした動きは、集落営農法人視点では「後退」的現象にも映るが、枝番集落営農という「器」の中で構成農家が経営を発展させ、結果として集落営農から「自立」したとも捉えることができた。すなわち、集落営農法人としては、今日の「脱退」現象を地域農業の持続的発展に向けた一局面と位置づけた上で、脱退した旺盛な経営意欲を持つ個別経営との間で良好な信頼関係を維持しながら、彼らとの適切な役割・機能分担と地域内での棲み分けのあり方を探り、個も組織も共に成長できる環境を整えていくことが、持続的な地域農業を構築していく上で必要であることが示唆された。

　第4章では、基盤整備事業後の大区画圃場を基盤に大規模法人経営体として設立された秋田県大仙市における枝番集落営農の取組事例をとりあげた。この事例は今日に至るまで持続的に経営を発展させており、多角的な経営展開の内容とそうした取組を可能としてきた要因について考察した。事例の最大の特徴は、5集落のほぼ全ての農家が参加する経営面積300ha規模の大規模農事組合法人を設立し、一挙に規模の経済を発揮する経営基盤を確立しつつ、可能な限り米作りや法人の仕事に従事することで構成員が収入を確保できる仕組みを用意したことにある。この結果、機械施設の効率利用による生産コストの削減、部門別分業による業務の専門化、参加農家の総意に基づく意思決定、経営管理の集中化などが可能となり生産性、収益性が向上した。そして、「地産地消型コールドチェーン」事業など、周辺地域も巻き込んだ

経営の多角化戦略を展開するととともに、新技術導入にも余念がなく、それを担っていく従業員の確保・育成にも積極的に取り組んでいた。

第5章では、枝番集落営農を再編するにあたりまるっと方式を活用して法人化に取り組んだ岩手県紫波町における取組事例をとりあげた。そこでは、農地中間管理機構の行うべき農地利用の再配分機能を新たに設立された一般社団法人Xが果たしており、地域内農地の一括利用権設定が実践されていた。一方、特定農作業受委託の活用によって、個々の営農形態が展開していた農業構造は存続していた。枝番集落営農へのまるっと方式の導入は、当面は営農を続けるもののリタイヤ後に自分の農地をいかにスムーズに信頼できる地域の担い手へ受け渡していくのか、そしてその担い手をどのように育成・確保していくのかという、持続的に地域の農地を守っていくための農業再編へ向けた前向きな動きと捉えることができ、現状を維持してきた枝番集落営農においても普及拡大の余地があることが示唆された。

2．本書の結論

本書の目的は、枝番集落営農の多様な展開過程の分析を通じて、枝番集落営農の持続的発展への道筋を見いだすとともに、それに向けた政策課題を提起することである。換言すれば、枝番集落営農は、「地域農家の集合体」と「地域農業の経営体」という二面性を保持しつつ地域社会と地域農業の持続性を確保していくために、「枝番」的枠組を維持し構成員の農業への関与を継続させるとともに、経営体としても存続していくという「二兎」を追うことが求められるが、そのためにどのような具体的な取組や政策環境が必要なのかを明らかにすることである。

その問に答える前に、まずは分析結果をふまえて枝番集落営農が持つ役割について確認しておきたい。

枝番集落営農は、構成員である農家をできるだけ残そうとする取組であり、そうした意味では離農とそれに伴う農民層分解を抑制するものである。と同

時に、農民層分解の「場」が集落という範囲にしぼり込まれることにより、将来的な集落内での農地流動化を促す取組でもある。枝番集落営農において、一定数の構成員が自らの経営を持続・発展できるのであれば、将来的には彼らへの面的集積が展望できるだろうし、委託層においてもリタイヤ時までの農業への関わりが保証される。とはいえ、現状において農家の多くは農業の後継者を確保しておらず、いずれは離農し農地を他に頼むことになることが予想される。枝番集落営農において農地を引き受けていく主体が存在しない場合、誰が最終的に農地を引き受けるのかという「ババ抜き」的状況も発生しかねない。そうした事態を招かないようにするために、集落内農地の引き受け手が見つかるまで、残存する構成員で協力しながら集落内農地を維持し、面的集積を進めていくという地域農業再編主体としての役割が枝番集落営農には課せられているといってよい。

　このように、枝番集落営農の果たすべき役割を理解するならば、その持続的発展の道筋もある意味シンプルに考えることができる。その基本的な方向性は、農家の頭数がそれなりに確保されているうちに、集落内農地の将来の引き受け手を確保・育成していくことにつきる。集落営農「組織」として、その主体を確保するのであれば、必要なのはそのための人件費を捻出するための取組である。枝番集落営農の多くは土地利用型部門をベースとしているので、第4章でとりあげたT法人のように経営面積の拡大や農地の団地化を進めることが転作助成金の獲得も見込め、経営リスクも比較的少ない。そして、まるっと方式のような将来に向けた一括利用権設定の取組も有効である。以上に加えて、構成員や従業員を組織につなぎ止める工夫（例えば独立採算部門の導入）も必要である。「枝番管理」で構成員のリタイヤまでの時間を稼ぎつつ、魅力的な組織となり「外部」からいかに人を確保するかも問われる。確保先としては、構成員家族の定年帰農やUターン、構成員の知人、地域おこし協力隊などの外部人材が想定されるが、彼らの活躍できる場を枝番集落営農として用意しておく必要がある。そうした新たな人材が確保できた時、組織に関わる全ての人にとっても枝番集落営農は魅力的な存在になって

いるであろう。

とはいえ、これまで単一集落をベースに営農を展開してきた多くの中小規模の枝番集落営農では、広域化に向けた再編がいずれ視野に入ることになる。そこでは、他の集落営農や個別経営農家との連携が想定される。地域には、枝番集落営農に関わらない、あるいは脱退した個別経営農家も存在しているが彼らの多くも後継者問題を抱えている。必要なことは、彼らと良好な信頼関係を維持しながら、双方の適切な役割・機能分担のあり方を見いだし、交換分合等を通して双方において農地の利用集約化を進めることである。さらに、将来を見据えて、「持続」的に地域農業を再編していく枠組み、個と組織が支え合える環境を整えておくことも重要である。これまで地域農業に深く関与してきた行政や農協をはじめとする関連機関は彼らの仲介の労をとりながら、枝番集落営農と個別経営農家の地域内での棲み分けの道を探るべく役割を発揮することが求められる。

本論の結びとして、枝番集落営農の持続的発展、ひいては持続的な地域農業再編の実現に向けた政策課題について考察したい。各構成員の農業経営を実質的に存続させている枝番集落営農は、農業をできるだけ続けたいという農家の意思を尊重した取組であるとともに、経営体としてもその持続性が期待される存在であった。また、現実の農業構造に即して、枝番集落営農における構成員の農業への関わり方は変化しており、そうした意味では、枝番集落営農は地域農業再編主体としての役割を担っていた。すなわち枝番集落営農は、地域ぐるみで地域農業の担い手を措定していく「集団的自主的自己選別」（今村、1983：p.51）の場としても機能しているといえる。このプロセスは、構成員のリタイヤ等に起因する地域農業構造の変化が生じる限り続く長期的なものであり、円滑かつ継続的にプロセスを歩むためには地域農業の事情に熟知し伴走型の支援を行える「地域農業マネージメントの担い手」（小田切、1994：p.230）を育成・確保していくことが必要となる。そのためには自治体農政の充実が不可欠である[1]。

最後に、言わずもがなの政策課題を指摘しておきたい。これは枝番集落営

農に限らず水田を基盤に土地利用型農業を営む全ての経営体に当てはまるものであるが、水田活用直接支払交付金等の助成措置の継続そして充実化である。この助成がなければ水田作経営が成り立たないことは統計的にも示されており[2]、わが国水田農業を支える不可欠の支援措置である点を改めて強調しておきたい。

注
1） この点を指摘したものとして、小田切（2024、pp.124-128）を参照のこと。
2） この点を指摘した文献は多数あるが、最近のものとして田代（2023、pp.264-265）を参照のこと。

補論1

農地中間管理事業の実績と今後の展望

1．はじめに

　第5章でも述べたように、過去の農地制度が朝令暮改的な改正を繰り返しながら今日に至り、その過程で特定の担い手に対する農地の流動化も期待したほど進展しないまま、農地の減少・荒廃が加速されている。そうした農地制度の最新版として打ち出され、今日も推進されているのが農地中間管理事業（以下、管理事業）である。管理事業は2013年に閣議決定された「日本再興戦略」において示された日本農業の10年後の姿の一つ「担い手が利用する農地面積を全農地面積の8割（現状5割）に拡大」を実現すべく実施された施策であるが、目標期限であった2023年度末時点の実績は60.4％にとどまり、目標の数値には遠く及ばなかった[1]。

　しかし改めて問いたいのは、なぜ管理事業実施下において担い手への農地集積が進まなかったのかである[2]。後に触れるように、都道府県単位で見れば、農地集積が進んだケースも確認できる。管理事業を通じて農地集積が進んだのか進まなかったのかの分岐点はどこにあるのか、その要因を可能な限り明らかにすることが必要である。

　そこで補論1では、我が国における農地集積の到達点を改めて確認するとともに、管理事業施行10年間の実績とその特徴を分析する。また、2022年に行われた農業経営基盤強化促進法改正による人・農地プランの地域農業経営基盤強化促進計画としての法定化にも触れ、今後望まれる農地・担い手政策の方向性についても言及する。

103

２．農地集積率の規定要因

　まず10年間の管理事業の実施を通じて、どの程度担い手に農地が集積されたのか、その到達点について確認する[3]。**表補1-1**は各都道府県における担い手に対する農地集積率の推移を示したものである。これを見ると、2023年度末時点で集積率８割という目標を達成しているのは北海道のみであることが分かる。目標は達成しなかったものの、集積率７割を超えている都府県は秋田県（71.2％）、山形県（71.1％）、佐賀県（70.9％）、福井県（70.0％）の４県である。また、管理事業実施期間における集積率の増加ポイントを見ると、その値が20％を超えているのは滋賀県（21.9％）、石川県（21.6％）、山形県（21.1％）の３県のみである。その一方、2023年度末時点で集積率が５割に満たなかったのは、福島県、栃木県を除く関東・東山８都県、東海４県、滋賀県を除く近畿５府県、中四国９県、九州３県、沖縄県、と31都府県にもおよぶ。

　それでは都道府県毎の担い手への農地集積率の高低を規定する要因とは何であろうか。多様な要因が考えられるが、ここではさしあたり担い手の賦存状況について指摘しておきたい。**図補1-1**、**図補1-2**に示すように、2023年度末時点の担い手への農地集積率と、主業経営体と団体経営体が併存する集落割合との間には正の相関関係があり（決定係数0.48）、一方、前者と主業経営体・団体経営体ともに存在しない集落割合との間には弱い負の相関関係（決定係数0.30）がある。すなわち、担い手が豊富に存在する集落の割合が大きい都道府県ほど担い手への農地集積率が高く、反対に担い手がいない集落の割合が大きい都道府県ほど集積率が低いといえる。農地の受け手となりうる担い手が存在するからこそ、それらへの農地集積が進んでいるのであり、受け手がいなければ農地集積は進んでいない。担い手が育ってこなかったことが農地集積を押しとどめてきた一因だといってよい[4]。

補論1　農地中間管理事業の実績と今後の展望

表補1-1　各都道府県における担い手への農地集積率の推移

	年度											増減%
	2013	2014	2015	2016	2017	2018	2019	2020	2021	2022	2023	2013→2023
北海道	86.7%	87.6%	88.5%	90.2%	90.6%	91.0%	91.5%	91.4%	91.4%	91.6%	91.8%	5.1%
青森	43.4%	48.0%	50.2%	51.4%	53.6%	55.1%	56.5%	57.6%	58.2%	58.1%	58.5%	15.1%
岩手	45.7%	47.9%	49.4%	50.6%	51.9%	53.0%	53.4%	53.7%	54.5%	54.9%	55.3%	9.6%
宮城	47.0%	48.8%	51.6%	54.5%	57.8%	58.9%	59.2%	60.1%	61.8%	62.4%	63.9%	16.9%
秋田	59.0%	60.6%	64.6%	66.2%	67.8%	68.7%	69.3%	70.0%	70.6%	71.3%	71.2%	12.2%
山形	50.0%	53.6%	60.2%	63.1%	64.8%	66.0%	66.4%	67.5%	69.0%	70.0%	71.1%	21.1%
福島	24.6%	26.9%	30.2%	32.5%	33.6%	34.6%	36.1%	37.5%	39.5%	40.6%	41.7%	17.1%
茨城	23.6%	24.5%	26.6%	29.3%	32.8%	34.2%	35.4%	37.1%	37.8%	39.9%	41.3%	17.7%
栃木	40.4%	43.3%	47.4%	49.2%	50.7%	52.3%	52.7%	52.1%	52.7%	53.1%	54.5%	14.1%
群馬	28.9%	30.2%	31.1%	32.0%	34.8%	37.2%	38.8%	40.3%	41.6%	42.4%	43.8%	14.9%
埼玉	21.7%	24.2%	24.8%	25.6%	27.5%	29.3%	30.1%	32.0%	33.3%	32.8%	33.8%	12.1%
千葉	19.9%	19.9%	20.6%	21.3%	23.0%	23.9%	25.2%	26.9%	28.2%	29.2%	30.5%	10.6%
東京	20.8%	21.2%	21.1%	22.2%	23.2%	23.8%	24.3%	24.5%	24.8%	26.0%	26.1%	5.3%
神奈川	19.4%	19.5%	17.7%	18.5%	19.3%	19.5%	20.0%	20.7%	21.2%	21.5%	22.2%	2.8%
山梨	15.7%	17.1%	19.9%	21.1%	22.2%	23.2%	24.2%	26.0%	28.0%	28.6%	28.8%	13.1%
長野	29.7%	32.0%	34.0%	35.6%	36.5%	37.3%	37.6%	38.9%	39.5%	39.7%	40.7%	11.0%
静岡	38.3%	39.4%	40.3%	42.3%	42.9%	37.4%	38.9%	42.2%	44.8%	44.6%	45.4%	7.1%
新潟	52.1%	54.0%	58.2%	60.0%	61.5%	62.8%	63.9%	64.8%	65.9%	66.4%	67.2%	15.1%
富山	50.7%	53.5%	56.0%	57.6%	60.0%	63.3%	65.0%	66.5%	67.8%	68.8%	69.1%	18.4%
石川	42.6%	45.7%	51.3%	55.8%	58.3%	59.9%	61.2%	62.4%	63.7%	64.2%	64.2%	21.6%
福井	50.8%	53.8%	57.5%	60.8%	63.8%	65.7%	66.7%	67.6%	68.4%	69.7%	70.0%	19.2%
岐阜	30.1%	30.7%	31.5%	32.7%	34.6%	36.2%	37.0%	37.8%	39.3%	40.1%	41.2%	11.1%
愛知	31.3%	31.7%	33.9%	34.1%	35.3%	36.9%	37.6%	40.0%	41.0%	42.1%	42.6%	11.3%
三重	29.2%	30.1%	33.5%	33.6%	35.5%	37.9%	38.9%	41.6%	43.8%	44.8%	46.0%	16.8%
滋賀	45.9%	47.2%	52.3%	56.0%	58.1%	59.7%	62.1%	63.2%	64.9%	65.8%	67.8%	21.9%
京都	16.1%	16.7%	17.8%	19.6%	21.1%	21.8%	22.3%	23.5%	24.4%	25.3%	26.6%	10.5%
大阪	8.8%	8.8%	9.1%	10.5%	10.6%	10.9%	11.4%	11.7%	12.2%	12.7%	13.3%	4.5%
兵庫	18.9%	19.5%	22.0%	22.4%	23.1%	23.4%	24.0%	24.5%	24.8%	25.9%	26.6%	7.7%
奈良	12.2%	13.0%	14.0%	15.5%	16.2%	16.6%	17.5%	18.5%	19.5%	20.4%	21.4%	9.2%
和歌山	22.6%	23.6%	24.3%	25.1%	26.2%	26.7%	28.1%	29.0%	30.2%	30.7%	32.1%	9.5%
鳥取	20.8%	21.8%	24.5%	27.1%	29.3%	30.4%	30.9%	32.0%	32.4%	33.4%	35.3%	14.5%
島根	26.0%	27.6%	30.3%	31.3%	32.3%	33.3%	34.2%	35.3%	36.0%	37.3%	37.8%	11.8%
岡山	18.6%	19.8%	20.7%	21.6%	23.9%	25.0%	25.2%	25.3%	26.4%	26.6%	27.5%	8.9%
広島	18.6%	19.2%	20.9%	22.1%	23.2%	23.9%	24.3%	25.1%	25.4%	26.2%	27.0%	8.4%
山口	23.7%	24.6%	26.6%	27.5%	28.3%	28.8%	30.3%	31.5%	32.1%	33.1%	33.6%	9.9%
徳島	17.0%	22.3%	22.8%	24.8%	25.6%	26.5%	25.3%	27.1%	27.8%	28.7%	29.0%	12.0%
香川	26.8%	29.1%	30.5%	26.5%	27.8%	28.5%	28.1%	29.3%	30.8%	31.9%	33.1%	6.3%
愛媛	24.6%	25.8%	27.4%	28.4%	29.8%	30.8%	31.8%	33.6%	34.2%	35.9%	37.4%	12.8%
高知	19.6%	21.0%	21.4%	26.0%	31.4%	32.4%	32.1%	33.5%	33.9%	35.6%	35.7%	16.1%
福岡	41.1%	44.6%	46.7%	49.7%	51.7%	53.4%	54.2%	54.6%	55.2%	55.9%	56.7%	15.6%
佐賀	67.8%	69.1%	68.8%	68.6%	69.4%	71.3%	71.5%	70.8%	71.0%	70.1%	70.9%	3.1%
長崎	36.4%	37.4%	39.6%	40.3%	41.2%	41.7%	42.5%	43.6%	45.3%	45.0%	45.8%	9.4%
熊本	41.5%	44.5%	45.2%	45.2%	47.0%	48.2%	47.6%	49.8%	50.7%	52.0%	54.3%	12.8%
大分	33.0%	33.8%	36.2%	38.2%	40.1%	41.3%	42.6%	43.4%	43.9%	45.2%	45.8%	12.8%
宮崎	45.0%	45.8%	45.6%	46.2%	47.1%	48.7%	50.8%	53.6%	55.4%	57.0%	57.6%	12.6%
鹿児島	38.6%	39.4%	42.0%	42.8%	41.6%	42.4%	42.5%	43.6%	45.7%	45.5%	47.1%	8.5%
沖縄	29.4%	30.1%	29.8%	34.5%	20.2%	19.9%	21.9%	24.7%	25.1%	25.8%	26.0%	-3.4%
全国	48.7%	50.3%	52.3%	54.0%	55.2%	56.2%	57.1%	58.0%	58.9%	59.5%	60.4%	11.7%

資料：農林水産省『農地中間管理機構の実績等に関する資料』（各年度版）より筆者作成。
注：1）データは各年度末時点のものである。
　　2）2017年度の沖縄県の減少は、特定農作業受託面積を見直したもの。
　　3）2018年度の静岡県の減少は、特定農作業受委託面積を見直したもの。
　　4）石川県の2023年度のデータは、2024年1月1日に発生した能登半島地震による影響を踏まえ、2022年度の実績を据え置き。

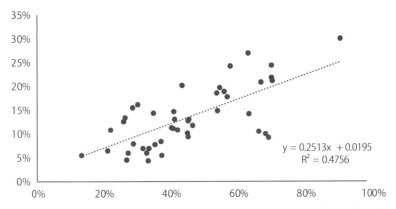

図補1-1　担い手への農地集積率（横軸）と主業経営体・団体経営体が併存する集落割合（縦軸）の関係

資料：農林水産省『2020年農林業センサス（農業集落別統計書）』、農林水産省『農地中間管理機構の実績等に関する資料』（各年度版）より筆者作成。
注：1）プロットは農地中間管理事業導入後に担い手への農地集積率を減らした沖縄を除く46都道府県。
　　2）担い手への農地集積率は2024年3月末時点のもの。
　　3）主業経営体・団体経営体が併存する集落割合は2020年のデータ。

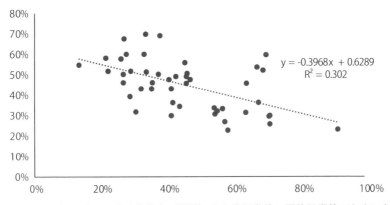

図補1-2　担い手への農地集積率（横軸）と主業経営体・団体経営体がともに存在しない集落割合（縦軸）の関係

資料：農林水産省『2020年農林業センサス（農業集落別統計書）』、農林水産省『農地中間管理機構の実績等に関する資料』（各年度版）より筆者作成。
注：1）プロットは農地中間管理事業導入後に担い手への農地集積率を減らした沖縄を除く46都道府県。
　　2）担い手への農地集積率は2024年3月末時点のもの。
　　3）主業経営体・団体経営体がともに存在しない集落割合は2020年のデータ。

補論 1　農地中間管理事業の実績と今後の展望

３．管理事業の実績と特徴

　以上のように、一部の都道府県を除き担い手に対する農地集積が国の狙い通りに進んでいない事実を改めて確認したが、本節では管理事業の実績に焦点を当てて、より詳しくその実態にせまる。

　まず、管理事業開始後の農地の賃貸借と利用権設定等の動向について確認しよう。**表補1-2**に示すように、管理事業を通じた農地流動化は件数と面積ともに、全体に占める割合はかなり小さい。その割合が最も大きかったのは

表補 1-2　農地の賃貸借・利用権の設定等の実績推移（全国：件数と面積）

		2014 年	2015 年	2016 年	2017 年	2018 年	2019 年	2020 年	2021 年
農地法第 3 条	件数	14,553	14,762	13,039	11,658	10,842	11,274	11,201	10,832
	割合	4%	3%	3%	3%	3%	3%	2%	2%
農業経営基盤強化促進法	件数	351,552	429,424	374,961	381,923	364,677	349,842	402,918	366,466
	割合	95%	92%	86%	88%	86%	84%	81%	78%
農地中間管理事業法	件数	3,406	22,058	45,503	40,036	47,061	54,776	80,757	95,296
	割合	1%	5%	10%	9%	11%	13%	16%	20%
合計	件数	369,511	466,244	433,503	433,617	422,580	415,892	494,876	472,594
	割合	100%	100%	100%	100%	100%	100%	100%	100%
農地法第 3 条	面積（ha）	31,581	33,991	31,427	32,904	28,372	26,215	28,896	24,752
	割合	14%	11%	10%	12%	11%	11%	11%	10%
農業経営基盤強化促進法	面積（ha）	184,201	223,276	191,473	190,150	182,465	166,835	194,044	174,465
	割合	84%	73%	63%	71%	71%	73%	71%	67%
農地中間管理事業法	面積（ha）	4,513	48,418	83,146	46,411	44,829	36,313	50,369	61,295
	割合	2%	16%	27%	17%	18%	16%	18%	24%
合計	面積（ha）	220,295	305,685	306,046	269,465	255,666	229,363	273,309	260,512
	割合	100%	100%	100%	100%	100%	100%	100%	100%

資料：農林水産省『農地の権利移動・借賃等調査』より筆者作成。

注：1）農地法第 3 条による賃借権設定等とは、賃借権の設定・移転、使用貸借による権利の設定・移転、農協への経営委託に伴う権利の設定・移転を指す。

　　2）農業経営基盤強化促進法による所有権移転、利用権設定等とは、同法第 18 条に基づく農用地利用集積計画の公告による所有権移転、利用権設定等を指す。

　　3）利用権設定等とは、賃借権の設定・移転、使用貸借による権利の設定・移転、農協への経営委託に伴う権利の設定・移転を指す。

　　4）農地中間管理事業法による賃借権の設定等とは、同法第 18 条に基づく農用地利用配分計画の公告による賃借権の設定・移転、使用貸借による権利の設定・移転を指す。

　　5）農地法上の「農地」は「耕作の目的に供される土地」であり「採草放牧地」は含まれない。

　　6）農業経営基盤強化法及び中間管理法では農地法上の「農地」と「採草放牧地」を「農用地」と定義している。

107

表補 1-3　農地中間管理事業の実績（10 年間合計値：2014〜2023 年度）

単位：ha

	集積目標面積（①）	機構の転貸面積（②）	うち新規集積面積（③）	②/①	③/②	集積目標に対する機構の寄与度（③/①）
北海道	95,600	19,317	3,186	20%	16%	3%
東北	345,500	117,549	58,895	34%	50%	17%
関東・東山	287,700	63,462	31,459	22%	50%	11%
北陸	125,300	61,269	25,052	49%	41%	20%
東海	127,200	34,532	10,605	27%	31%	8%
近畿	90,000	24,715	8593	27%	35%	10%
中国	84,600	29775	13583	35%	46%	16%
四国	55,800	6369	3649	11%	57%	7%
九州・沖縄	280,400	60,843	19,489	22%	32%	7%
全国	1,492,100	417,829	174,510	28%	42%	12%

資料：農林水産省『農地中間管理機構の実績等に関する資料』各年度版）より筆者作成。

件数では2021年の20％、面積では2016年の27％に過ぎない。それとは対照的に今日においてなお農地流動化の主な経路は農業経営基盤強化促進法による利用権設定である。この背景を考えてみると、①管理事業が2014年度から始まった新しい施策であり現場への周知が進まなかった[5]、②管理事業が既存の流動化手法に比べて使い勝手が悪かった、③管理事業を使うメリットがなかった、以上3点を挙げることができよう。②については、管理事業利用に必要な事務処理に時間や手間がかかるとともに、農地の受け手に義務づけられた農地利用状況報告の負担が大きいといった点が指摘されている（農林水産省、2018）。③については、農地の受け手にとって管理事業を使うメリットが少ないことが大きい。以前実施されていた農地利用集積円滑化事業においては「規模拡大加算」が措置され、農地を集積する主体に対して10aあたり2万円が交付されたが、管理事業には受け手に対するそうした経済的メリットがなかった。

　次に管理事業10年間の実績を**表補1-3**に示した。国が設定した集積目標面積に対して農地中間管理機構（以下、機構）が転貸した面積の割合は全国では28％に過ぎず、最大の北陸でも49％にとどまっており、管理事業を通じて

補論 1　農地中間管理事業の実績と今後の展望

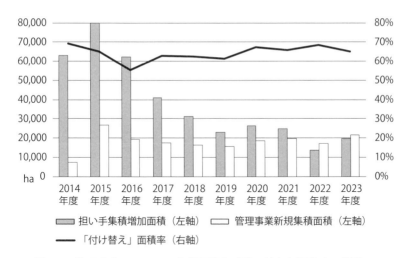

図補1-3　管理事業下における集積面積と「付け替え」面積率の推移
資料：農林水産省『農地中間管理機構の実績等に関する資料』（各年度版）より筆者作成。
注：「付け替え」面積率＝（転貸面積−新規集積面積）／転貸面積。

貸し出された農地自体がそもそも少ない。さらに、転貸面積に占める新規集積面積の割合も全国で42％、最大の四国でも57％であり、管理事業を通じて貸し出された農地の全てが担い手に新たに集積されているわけではなく、既存の利用権設定等からの「付け替え」対応も少なくなかった[6]。結果、集積目標面積に対する管理事業による新規集積面積の割合は全国で12％、最大の北陸でも20％という低い実績であり、管理事業においても既存の農地政策と同様、担い手へ農地を集積するという目標達成にほど遠い状況にある。

図補1-3は、管理事業下における担い手集積増加面積、管理事業における新規集積面積、「付け替え」面積率の経年変化を示している。管理事業導入後の担い手集積増加面積は導入2年目の2015年度をピークに減少し、近年は2万ha前後に低迷している。また、管理事業による新規集積面積も、2015年度をピークに、その後減少しており、近年は2万ha前後で推移している。これは、管理事業を利用しない農地貸借による新規集積が激減していることを意味し、近年は担い手への新規集積の大部分が管理事業を通したものと

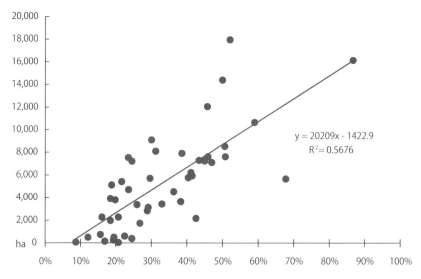

図補1-4　担い手への農地集積率（横軸）と管理事業における「付け替え」
　　　　　面積（縦軸）の関係

資料：農林水産省『農地中間管理機構の実績等に関する資料』（各年度版）より筆者作成。
注：1）プロットは農地中間管理事業導入後に担い手への農地集積率を減らした沖縄を除く
　　　　46都道府県。
　　2）担い手への農地集積率は2014年3月時点のもの。
　　3）管理事業における「付け替え」面積は10年間の合計値。なお「付け替え」面積は転
　　　　貸面積から新規集積面積を差し引いて求めた。

なっていると推測できる。一方、「付け替え」面積率については、管理事業導入後、6～7割で推移しており、管理事業を通しての担い手への新規集積面積は転貸面積の3～4割にとどまってきた。

ちなみに、**図補1-4**に示すように、転貸面積から新規集積面積を差し引いた「付け替え」面積は、管理事業開始時点で担い手の農地集積率が高い都道府県ほど多い傾向が見られる。「付け替え」が進んだ要因としては、新たに農地の貸借関係を結ぶという手間が省けるとともに、既存の貸借関係からの「付け替え」であっても機構集積協力金を受け取れるという管理事業活用による経済的メリットの存在が大きかったと考えられる[7]。

続いて、管理事業においてどのような主体に農地が転貸されたのかについ

補論1　農地中間管理事業の実績と今後の展望

表補1-4　管理事業における転貸面積実績の推移

上段：面積（単位：ha）
下段：総転貸面積に占める割合

			2014年度	2015年度	2016年度	2017年度	2018年度	2019年度	2020年度	2021年度	2022年度	2023年度	10年計
総転貸面積			23,896 100.0%	76,864 100.0%	43,356 100.0%	46,540 100.0%	43,845 100.0%	39,937 100.0%	56,965 100.0%	57,372 100.0%	53,415 100.0%	61,581 100.0%	503,771 100.0%
地域内の農業者			23,142 96.8%	75,680 98.5%	42,047 97.0%	45,229 97.2%	42,380 96.7%	38,427 96.2%	54,583 95.8%	54,900 95.7%	50,532 94.6%	58,371 94.8%	485,290 96.3%
	認定農業者		21,396 89.5%	66,878 87.0%	35,613 82.1%	37,609 80.8%	33,425 76.2%	30,186 75.6%	43,884 77.0%	44,442 77.5%	39,237 73.5%	45,496 73.9%	398,166 79.0%
		個人	6,671 27.9%	23,640 30.8%	17,022 39.3%	17,190 36.9%	16,212 37.0%	14,681 36.8%	20,944 36.8%	21,645 37.7%	19,622 36.7%	22,721 36.9%	180,347 35.8%
		法人	14,725 61.6%	43,222 56.2%	18,591 42.9%	20,417 43.9%	17,213 39.3%	15,506 38.8%	22,941 40.3%	22,797 39.7%	19,615 36.7%	22,775 37.0%	217,802 43.2%
		企業	3,349 14.0%	10,213 13.3%	3,638 8.4%	6,279 13.5%	6,670 15.2%	5,960 14.9%	9,792 17.2%	11,229 19.6%	10,727 20.1%	12,436 20.2%	80,292 15.9%
		企業以外	11,376 47.6%	33,010 42.9%	14,953 34.5%	14,138 30.4%	10,543 24.0%	9,546 23.9%	13,149 23.1%	11,568 20.2%	8,889 16.6%	10,340 16.8%	137,510 27.3%
	認定新規就農者		99 0.4%	587 0.8%	457 1.1%	675 1.5%	757 1.7%	847 2.1%	1,071 1.9%	1,010 1.8%	1,274 2.4%	1,461 2.4%	8,237 1.6%
	基本構想水準到達者		170 0.7%	1,347 1.8%	591 1.4%	888 1.9%	588 1.3%	681 1.7%	1,331 2.3%	1,233 2.1%	1,124 2.1%	1,361 2.2%	9,314 1.8%
	認定農業者以外の農外参入企業		26 0.1%	33 0.0%	48 0.1%	38 0.1%	35 0.1%	118 0.3%	68 0.1%	207 0.4%	92 0.2%	52 0.1%	717 0.1%
	その他		1,450 6.1%	6,836 8.9%	5,339 12.3%	6,022 12.9%	7,576 17.3%	6,596 16.5%	8,229 14.4%	8,008 14.0%	8,897 16.7%	10,001 16.2%	68,954 13.7%
地域外からの参入者			747 3.1%	1,141 1.5%	1,306 3.0%	1,309 2.8%	1,466 3.3%	1,505 3.8%	2,393 4.2%	2,472 4.3%	2,884 5.4%	3,210 5.2%	18,432 3.7%

資料：農林水産省「農地中間管理機構の実績等に関する資料」（各年度版）より筆者作成。
注：「10年計」は各年度の実績を足して算出した。

て見てみよう（**表補1-4**）。まず指摘すべきが、総転貸面積の96.3％が地域内
の農業者に貸し出されており、管理事業における転貸先のほとんどが地域内
の農業者であることである。それに対して、地域外からの参入者への転貸面
積は3.7％である。また、2014 ～ 2020年度までの7年間において、地域外か
ら参入した企業への転貸面積は僅か1.0％にすぎない[8]。国が描いた農外企
業参入誘導シナリオは実績面としても破綻したといえる。なぜ、地域外企業
への農地の貸し出しが進まず、地域内の農業者への貸し出しが大部分であっ
たのかについては、「農村社会における地主と借り手の農地取引のほとんど
が、信頼を伴う非匿名的な関係を通して成立しており、必ずしも自由な交換
とはいえないもの」（井坂、2017：p.49）であり、農地は「ムラ規範（農地
を手放すことに対するstigmaや、部外者の参入に対する抵抗感）が大きく影
響する材」（有本・中嶋、2013：p.72）であることがその背景にあろう。管
理事業においては農地の転貸先については機構に白紙委任される制度設計と
なっていたが、「農村の現場では、誰に農地を貸すかは相手との信頼関係が
決定的に重要であり、機構への農地を（ママ…筆者）貸し付けも借り手が事
前に内定している場合が多」（安藤、2019b：p.41）かったのである。

　主な転貸先となっている地域内の農業者の中身を見てみると、その値が大
きいのは、個人の認定農業者（10年間合計値で180,347ha、総転貸面積の
35.8％）、次に企業以外の法人の認定農業者（同137,510ha、同27.3％）である。
後者については、その大部分が集落営農法人といってよい。前者は毎年
20,000ha前後の実績をコンスタントにあげているが、後者は制度導入2年目
の2015年度に早くも実績のピーク（33,010ha）を迎え、その後は漸減傾向、
近年は10,000ha前後に落ち着いている。とりわけ後者については、**図補1-5**
に示すように集落営農の新規設立数および集落営農法人数の動向と軌を一に
している。集落営農設立およびその法人化は農地の集約化を進めつつ農地集
積を一気に進めることができ、多額の地域集積協力金を受け取れる手段にな
ることから、制度開始2年目に数多く取り組まれたといえるだろう。しかし
その後、そうした動きが下火になっており[9]、今日では「事業に動員できる

112

図補1-5　地域内認定農業者（法人・企業以外）への転貸面積と集落営農の動向
資料：農林水産省『農地中間管理機構の実績等に関する資料』（各年度版）、農林水産省『集落営農実態調査』（各年版）より筆者作成。

集落営農はほとんど残って（いない…筆者）」（安藤、2019b：p.44）状況にある[10]。そして、もう一点着目したいのが、地域内農業者における「その他」である。それらは、管理事業において国が定めた農地集積対象である「担い手」に含まれておらず、農地を集積したとしても集積実績にカウントされない。それ故に、機構集積協力金の対象から外されるケースもある[11]。こうした主体の多くは、認定農業者資格を有しない、あるいは認定農業者になることが難しい比較的小さな経営規模の農業者であると想定されるが、にもかかわらず、10年間の実績では総転貸面積の13.7％を占めている[12]。「その他」については、転貸面積が増加傾向にあり、2023年度は10,001haとなっている。「担い手」が引き受けられないあるいは引き受けきれない農地の一定面積を、経営安定対策の支援対象となっていない多様な主体が管理している実態がうかがえる。

　以上の転貸面積実績を地方別に見ると（**表補1-5**）、そこには多様な実態

表補 1-5　管理事業における転貸面積実績（10 年間合計）

上段：面積（単位：ha）
下段：総転貸面積に占める割合

			北海道	東北	関東・東山	北陸	東海	近畿	中国	四国	九州・沖縄	全国計
総転貸面積			22,162	142,052	77,498	69,845	36,269	27,255	38,027	8,051	82,563	503,722
			100.0%	100.0%	100.0%	100.0%	100.0%	100.0%	100.0%	100.0%	100.0%	100.0%
地域内の農業者			21,541	137,492	72,473	69,103	35,322	26,249	37,177	7,154	78,768	485,279
			97.2%	96.8%	93.5%	98.9%	97.4%	96.3%	97.8%	88.9%	95.4%	96.3%
	認定農業者		21,108	118,554	53,314	56,212	30,263	19,966	30,390	5,702	60,367	395,876
			95.2%	83.5%	68.8%	80.5%	83.4%	73.3%	79.9%	70.8%	73.1%	78.6%
		個人	6,235	58,364	34,096	23,315	12,514	5,731	6,756	2,643	30,694	180,347
			28.1%	41.1%	44.0%	33.4%	34.5%	21.0%	17.8%	32.8%	37.2%	35.8%
		法人	14,874	60,189	21,508	32,897	17,750	14,221	23,634	3,059	29,672	217,802
			67.1%	42.4%	27.8%	47.1%	48.9%	52.2%	62.2%	38.0%	35.9%	43.2%
		企業	11,239	20,312	10,887	9,496	6,249	3,629	8,049	1,561	8,870	80,292
			50.7%	14.3%	14.0%	13.6%	17.2%	13.3%	21.2%	19.4%	10.7%	15.9%
		企業以外	3,634	39,877	10,620	23,401	11,500	10,592	15,585	1,498	20,802	137,510
			16.4%	28.1%	13.7%	33.5%	31.7%	38.9%	41.0%	18.6%	25.2%	27.3%
	認定新規就農者		272	1,313	1,447	896	494	716	970	588	1,540	8,236
			1.2%	0.9%	1.9%	1.3%	1.4%	2.6%	2.5%	7.3%	1.9%	1.6%
	基本構想水準到達者		9	1,864	1,532	472	1,319	684	568	315	2,550	9,314
			0.0%	1.3%	2.0%	0.7%	3.6%	2.5%	1.5%	3.9%	3.1%	1.8%
	認定農業者以外の農外参入企業		0	62	310	95	44	67	94	5	40	717
			0.0%	0.0%	0.4%	0.1%	0.1%	0.2%	0.2%	0.1%	0.0%	0.1%
	その他		153	15,707	13,620	11,447	3,202	4,828	5,179	547	14,272	68,954
			0.7%	11.1%	17.6%	16.4%	8.8%	17.7%	13.6%	6.8%	17.3%	13.7%
地域外からの参入者			621	4,558	5,026	742	947	1,002	847	897	3,793	18,432
			2.8%	3.2%	6.5%	1.1%	2.6%	3.7%	2.2%	11.1%	4.6%	3.7%

資料：農林水産省『農地中間管理機構の実績等に関する資料』（各年度版）より筆者作成。
注：総転貸面積は各年度の転貸面積を足したものである。

が浮かび上がる。北海道においては認定農業者資格を有する法人企業の転貸割合が突出して高い。一方、東北や関東・東山は個人の認定農業者への転貸割合が高く、近畿、中国は企業以外の法人の認定農業者（その多くが集落営農法人）への転貸割合が高い。北陸、東海では両者が拮抗しており、四国は認定新規就農者、地域外からの参入者などの割合が他地域よりも高い。九州・沖縄は認定農業者資格を有する法人企業の割合が低い。このように、農地の転貸先がどのような主体になっているかは地方によって異なり、農地の「担い方」は地方によって多様であるといえよう。

　以上、管理事業の実績を分析してきたが、その特徴は以下の 6 点にまとめ

られる。

第1に、貸借による農地流動化手法という視点からみれば、既存の農業経営基盤強化促進法による利用権設定等と比較して、管理事業の実績は極めて低い。その背景には制度の枠組みに起因する問題（例：事務処理面の手間、農地の受け手にメリット少ない）があった。

第2に、事業実績の多くが既存の貸借契約からの「付け替え」であり、それは特に既に農地集積が進んでいた都道府県で多く見られた。

第3に、機構からの転貸先については、地域内の農業者が大部分を占め、地域外への企業が参入したケースはごく僅かであった。

第4に、主な転貸先であった地域内の農業者の多くは、個人の認定農業者と集落営農法人であった。後者については、地域集積協力金という経済的メリットを活用できたものの、近年は転貸面積が顕著な減少傾向にあった。

第5に、農地集積の対象にもカウントされず政策支援対象にもなっていない地域内の農業者も、農地管理主体として一定の存在感を発揮していた。

第6に、どのような主体がどの程度農地を引き受けているかという農地管理のあり方は、地方によって多様であった。

4．おわりに

（1）まとめ

以上の分析から、次のようなことが示唆される。まず、農地集積が進むには農地の「引き受け手」が地域内に存在することが第一の条件である。政策的にいかに農地集積を進めようとしても、農地を引き受けてくれる主体が地域内に存在しなければそれが進まない。統計的にも主業経営体や団体経営体が厚く存在する都道府県においては農地集積が進む傾向が確認でき、地域における「担い手」の有無が農地集積の進捗を決定づける大きな要因である。

次に、農地の引き受け手が存在するにもかかわらず管理事業が有効に機能しなかった背景には、制度そのものが内包する「使い勝手の悪さ」や「経済

的メリットが少ない」といった問題が存在した。それ故、農村現場における農地流動化の推進手法として、既に根付いている農業経営基盤強化促進法を通した利用権設定が選択されたケースが多かった。加えて、管理事業を利用するにしても、新たな貸借関係を取り結ぶより、既存の貸借関係の「付け替え」を行ったケースが目立った。

とはいえ、管理事業を積極的に活用したケースも存在した。それは、地域内の集落営農法人への農地集積に伴うものであった。その背後にあったのは、地域集積協力金という経済的メリットの存在であった。過去の農業政策においても、例えば米の生産調整政策による減反・転作対応によって生じる経済的不利益を地域の稲作農家が平等に分かち合う「地域とも補償」、あるいは経営安定対策における「担い手」要件を満たし、麦・大豆転作の交付金（「ゲタ」部分）の確保を目的とした枝番管理営農の設立など、ムラ社会は農業政策が地域にもたらす大きな「負荷」に対して、「防衛」的対応を繰り返してきた。いわば、ムラ社会が危機に陥る度に、地域は集団的に対応してきたのである。そうした集団的対応の目的が政策活用による経済的メリットの享受であったことはいうまでもない。そうした点をふまえると、今回の管理事業は、これまでの政策のように何らかの「強制」を伴うものではなかったが、特定の限られた主体が農地集積のメリットを受けるのではなく、地域全体で経済的メリットを享受しつつ農地を保全できることが、事業活用を推し進めた一因となったといえるだろう。念のため付言すれば、地域外の企業は、ムラ社会にとって「部外者」的存在の最たるものであり、余程のことがない限り、自らの地域への参入を働きかけることはないと考えられる。

また、管理事業の大部分の転貸先となっていた地域内の農業者は、国が想定する担い手である認定農業者や集落営農法人が多くを占めていたが、農地集積の対象にもカウントされず政策支援対象にもなっていない主体も一定の存在感を発揮しており、農地集積が国の定めた要件を満たした限られた主体のみが農地を引き受けているわけではなかった。全国の各地方を見渡しても、誰がどの程度農地を引き受けているかという農地管理のあり方は多様であり、

116

補論 1 農地中間管理事業の実績と今後の展望

各地方・地域の置かれている農業構造をふまえた柔軟な農地集積のあり方が求められる。

（2）今後の展望

　こうした状況下で国が実施したのが、2022年に行われた農業経営基盤強化促進法改正による人・農地プランの地域農業経営基盤強化促進計画（以下、地域計画）としての法定化である[13]。これにより、市町村は区域毎に農業者や関係者による協議の場を設定し、話し合いを通じて、区域内の農業の将来のあり方やそれに向けた農地の効率的かつ総合的な利用に関する10年後の目標（＝目標地図）を定めた地域計画を2025年3月末までに策定することとなった。さらに改正基盤強化法においては、新たに「農業を担う者」が明記され、その中には従来の「認定農業者等の担い手」だけではなく、「多様な経営体」などが加えられた[14]。この結果、地域計画は「地域の農業経営体（農業者）総がかりで農業の在り方とそれに向けた農地利用を一筆毎に誰が担うかを決める」（稲垣、2023：p.19）ものとなった[15]。また、今回の改正によって、機構は、これまでの「公募を前提に事業を行ってきたことに替えて、地域計画の達成に資するよう事業を実施すること」（稲垣、2022：p.18）となった。

　このように、国主導で「担い手」要件を定め、地域外からの農外企業参入を推進してきた従来の管理事業の枠組みが見直されたことは高く評価できる。実績が思うように上がらなかった管理事業下においても、転貸先の多くが地域の農地を一体的に保全する集落営農や、支援対象にはなっていない多様な地域の農業者であったからである。「地域の農業そして農地を誰が担い、守っていくのか」を考え、実践するのは国でも市町村でもなく、その地域に住む農業者であり住民であると考えれば、今回の「改正」は時宜に適ったものといえよう。

　一方、最大の問題は、対象となる区域に「農業を担う者」が存在しない場合、あるいは存在しても後継者がおらず将来の農地の受け手として見込めな

117

い場合には、地域農業の10年後の姿を描くことが難しく、中身のある地域計画を策定することが困難であることである。そして最後に一点指摘しておきたいのが、今回の制度改正によって2025年4月以降、農地の貸借が農地中間管理事業に一本化されることによって生じる問題である。機構や市町村においては農地貸借に関わる業務負担が大幅に増加することが予想され[16]、新たに農地貸借を行う際には必ず機構を通すことになるため、農地の出し手・受け手双方に手数料負担が発生することになる。

　ひるがえってみるに、「多様な経営体」を政府が言い出した背景には、食料安全保障を支えている地域農業が多様な形で担われてきた実態がある。そのもとで、地域（農村）、人口、そして国土も維持されてきたのである。そのように理解するならば、それらの多様な取組を尊重して、下支えするための「手厚い」政策支援、具体的には多様な農業者に対する直接支払いを制度化することが必要である。従来の「担い手育成＝産業政策」路線から脱却し、農業・農村を支える多様な担い手を「地域政策」的視点から捉え直すことが求められる。

　そして同時に、地域農業の担い手を地域で育てることを可能とするための制度的枠組も必要である。かつて今村（1983：p.51）は、地域農政期に推進された地域ぐるみで地域農業の担い手を措定していくプロセスを「集団的自主的自己選別」と指摘した。それを援用するならば、今日においては、農業者を含む農村住民そして農外からの参入者が、農村において今後の農業への関わり方を自由に「選択」してもらいながら、農村住民の一員（＝「多様な担い手」）として様々な役割を発揮してもらうための「集団的自主的自己選択」を進められる環境を整えることが必要である。それは各地域において、地域計画作成に向けて実のある話し合いを進めるための機運を高めるための体制整備を意味しよう。そのためには自治体農政の再構築が必須であり、地域おこし協力隊や集落支援員をはじめ、地域農業再編に向けて地域を「けしかけ」「汗をかける」自治体職員＝地域マネジメント人材を育成・確保していくことが不可欠である。つまり求められるのは「地域のことは地域に任せ

補論 1　農地中間管理事業の実績と今後の展望

るための」本気の地方分権体制の構築であり、究極的には中央集権的・東京一極集中体制からの脱却である。

注

1 ）安藤（2019a：p.169）は、詳細な農林業センサス分析結果をふまえて「センサスの数字を素直に解釈すれば担い手への農地集積率 8 割という農水省が自らに課したKPIは実現不可能だろう」と言及している。

2 ）本節において、以下「担い手」という表現が頻出するが、その意味する中身は、国の定義と同様、認定農業者、認定新規就農者、基本構想水準到達者、集落営農経営の四者を指す。

3 ）以下では、担い手への農地集積率を分析対象の一つとなるが、留意したい点がある。それは、前節までの分析において農地面積の減少に歯止めがかからない現状を示してきたが、そうした傾向が農地集積率の計算にも影響を与えることである。後に触れるように、管理事業実施直前の2014年 3 月時点の担い手への農地集積率は48.7％であり、 5 年後の2019年 3 月時点の数字は56.2％と7.5ポイント上昇した。これだけを見れば、担い手への農地集積が進んだように見えるが、問題はその実数である。その 5 年間で新たに担い手に集積された農地面積は247,449haあるが、一方同じ 5 年間で耕地面積は167,000ha減少している。もし耕地面積が維持されていれば、担い手への農地集積率は54.8％と実際の実績よりも1.4ポイント下回る。このように農地集積「率」という割合のみに着目すると、農地が集積される背後で耕地が失われていく実態を見失う可能性がある。たとえ農地集積が進まなくても、耕地面積が減少していけば農地集積率自体は上昇していくのである。この点を心に留めながら分析を進めていきたい。

4 ）安藤（2019a：p.170）は「構造問題の焦点は、いかにして担い手に農地を集積するかではなく、担い手に農地を引き受ける力がどれだけあるかに移行して（いる…筆者）」と指摘している。

5 ）農林水産省（2019b：p.24）によれば、「貴市町村の担い手農業者（受け手）は機構を認識していますか」という設問に対して「認識している」と回答した市町村が42％、「貴市町村の担い手以外の農地所有者（出し手）は機構を認識していますか」という設問に対して「認識している」と回答した市町村が14％となっており、事業開始 5 年目になっても農地所有者へ管理事業が浸透しきれていない実態がうかがえる。

119

6） 極端なケースかもしれないが、秋田県内において転貸面積が2014年度は第2位、2015年度は第3位の横手市においては、2015年10月時点における転貸面積502.1haのうち、特定農作業受委託や農地集積円滑化事業から移行したものが452.4ha、率にして90.1％を占めていた。

7） 2019年度からは「交付対象面積の1割以上が新たに担い手に集積される」要件が付け加えられた。

8） 農林水産省が毎年発表している「農地中間管理機構の実績等に関する資料」において、2021年度以降は「地域外からの参入者」の内訳データ（個人、法人、法人（企業）の3つのカテゴリー）が示されなくなった。ちなみに、2014〜2020年度までの7年間の総転貸面積は331,403ha、うち地域外から参入した法人（企業）の転貸面積は3,372haである。

9） 農林水産省（2019a：p.145）では「平場の水田地帯における集落営農での事業の活用が一巡し、今後は新たに地域の話合いから始めなければならない地域が多い」と指摘している。

10） 安藤（2019a：pp.171-172）は、農地中間管理事業の実績が伸び悩んでいる理由として以下のように述べている。「重点地区やモデル地区を設定して実績をあげ、その横展開を図るという推進手法がとられているが、その結果、実績の上がりやすい地区は出尽くしてしまい、あとは難しいところが残された結果である」。

11） 例えば宮城県においては、2016年度より「経営転換協力金」（個人タイプ）の交付対象農地を「機構に貸し付けられた農地の内「新規集積農地面積」に該当する農地」としている。この「新規集積農地面積」になるための要件の一つが、機構からの転貸先が、①認定農業者、②認定新規就農者、③基本構想水準到達者、であることである（みやぎ農業振興公社、2016）。ちなみに安藤（2019b：p.45）は、愛知県と宮城県からのヒアリング調査をふまえて「農地中間管理事業における「担い手」に人・農地プランの中心経営体は入らないため、ここに農地集積を進めたとしても集積実績にカウントされないし、機構集積協力金対象者にならないという問題も残されている」と指摘している。

12） 農林水産省『農地中間管理機構の実績等に関する資料』では、2020年度までは「地区内の農業者」の内訳の一つに「今後育成すべき農業者」が設けられていたが、2021年度以降は示されなくなった（「地区内の農業者」の「その他」カテゴリーに含められていると思われる）。

13） 人・農地プラン法定化の経緯と内容については田代（2022：pp.64-80）に詳

補論 1　農地中間管理事業の実績と今後の展望

しく、そこでは法定化そのものが孕む問題点も詳細に指摘されている。

14)　農林水産省（2024）においては、「農業を担う者」として、①認定農業者等の
担い手（認定農業者、認定新規就農者、集落営農組織、基本構想水準到達者）、
②①以外の多様な経営体（継続的に農用地利用を行う中小規模の経営体、農
業を副業的に営む経営体等）、③委託を受けて農作業を行う者、の3つが位置
づけられている。

15)　この点を田代（2022b：p.72）は「構造政策を事実上の最大の目標としてきた
これまでの農政の抜本的転換」と高く評価している。

16)　2025年度以降、新たに交わされる貸借契約に伴う業務に加えて、農地利用集
積円滑化事業、利用権設定等促進事業など、他の貸借制度からの移行が大幅
に見込まれるためである。

121

補論2

秋田県における農地中間管理事業の取組の特徴と課題

1．はじめに

　2013年6月14日に閣議決定された「日本再興戦略」において示された日本農業の10年後の姿とは、①担い手が利用する農地面積を全農地面積の8割（現状5割）に拡大、②新規就農し定着する農業者を倍増し、40代以下の農業従事者を40万人（現状20万人）に拡大、③法人経営体を5万法人（現状1万2,500法人）に拡大、以上の3点である。特にKPI（重要業績評価指標）として書き込まれた①は政策の至上命題であり、その推進施策が農地中間管理事業（以下、管理事業）である。2014年度から開始した管理事業は、規模を縮小、あるいは農業経営から引退する農業者から農地を農地中間管理機構（以下、機構）が借り入れ、意欲のある農業者等に貸付けを行う事業であり、農業現場での業務は市町村等に委託されている。

　管理事業は従来の農地貸借を推進する事業と以下の点で大きく異なっている。まず、農地利用集積円滑化事業（以下、円滑化事業）等の従来の事業では、農地貸借は地域に根ざした農協や農業委員会などが仲介していたのに対して、管理事業では北海道など一部のケースを除きこれらが機構からの業務委託先になっていない。また、従来の事業では、一般的に農地の借り手が決まってから貸借が行われていたのに対して、管理事業では貸付けられることとなった農地は、白紙委任という条件のもと一度機構に貸付けられ、農地の借り手となる農業者は機構によって選定される。

　こうした特徴をもつ管理事業であるが、全体の実績をみると、事業開始以降、2017年度に至るまで目標達成にほど遠いものであった（**表補2-1**）。こ

123

表補2-1　管理事業の実績（全国）

単位：ha

	年度	①年間集積目標面積	②機構の転貸面積	③機構の売渡面積	④目標達成率＝（②＋③）÷①
全国	2014	149,210	23,896	7,114	20.8%
	2015	149,210	76,864	7,307	56.4%
	2016	149,210	43,356	7,091	33.8%
	2017	149,210	46,540	8,370	36.8%
	合計	596,840	190,656	29,882	37.0%
秋田	2014	4,640	1,049	154	25.9%
	2015	4,640	3,679	120	81.9%
	2016	4,640	3,120	121	69.8%
	2017	4,640	2,318	89	51.9%
	合計	18,560	10,166	484	57.4%

資料：農林水産省『農地中間管理機構の実績等に関する資料』（各年度版）より筆者作成。

うした低い実績について、安藤（2015：p.92）は、「貸手にとっては、預けた農地をしっかり管理してくれるかどうか、借り手が信用できるかどうかが決定的に重要」であると指摘しており、また小針（2015：p.32）は「誰に貸し出されるかわからないという機構の仕組みを敬遠する出し手が多い」と言及している。両者ともに、受け手が決まらないままに貸し出すという、事業の枠組み自体に低実績の理由があると考えている。一方、秋田県は全国に比べて目標達成率は格段に高い。しかも、転貸面積中の新規集積面積（純増分）の年間集積目標面積に占める割合は、4年間合計の実績で31％（5,759ha：全国2位）と高い実績を挙げている。

　このように、秋田県では全国と比較しても管理事業による農地集積が進展しているが、なぜそのような現象が生じたのであろうか。先ほどの安藤や小針の指摘をふまえれば、農地の受け手が確定していれば「農地の貸し出し＝流動化」が進むと推察でき、具体的なケースとしては、特定農作業受委託から利用権設定への移行や利用権の再設定の際の機構の活用など、いわゆる「付け替え」による転貸が想定できる（椿、2019）。しかしながら、秋田県に

124

補論2　秋田県における農地中間管理事業の取組の特徴と課題

おいては管理事業による新規集積割合も大きく、それは「付け替え」の多さだけでは説明できない。農地流動化においては「取引相手の探索、農地条件の確認、取引条件の交渉、制度上の手続き等々の大きな取引費用」（生源寺、1998：p.41）が課題となり、その解決には「農地の出し手と受け手の負担する取引費用」（椿、2018：p.29）を農業者以外が負担することが必要であり、秋田県のある市町村では公的機関がそうした働きを担っていることが明らかにされている（椿、2016）。

　そこで補論2においては、全国的に管理事業の実績が高かった秋田県内の取組の特徴を、事業実施において行政機関や関連団体がどのような役割を果たしたのか、そしてそれがどのように農地の新規集積の増加に寄与したのかに着目して、明らかにする。

　続く「2」では、管理事業の過去の実績を整理し、管理事業が担い手への利用集積や農地団地化の促進にどの程度寄与したのか、全国および東北・秋田県の概況を確認する。「3」では、秋田県内の取組における管理事業の推進体制と実績を県及び市町村レベルで確認する。「4」では管理事業を利用して農地集積を進めた事例を分析し、「5」では以上の分析をまとめ、秋田県における管理事業の取組の特徴を明らかにするとともに、今後の課題について考察する。

2．農地集積と管理事業実績の動向

（1）管理事業実施前後の農地集積の概況

　まず、管理事業実施前後の農地集積の状況について確認する。**図補2-1**は各種農地貸借事業の実績を示している。2010 ～ 2013年度は円滑化事業の実績が順調に伸張し、2014年度以降は停滞していることが分かる。管理事業については実施2年目である2015年度に大きく実績を伸ばしたが、その後は停滞している。

　続いて、農地集積と管理事業の実績を示したのが**表補2-2**である。担い手

125

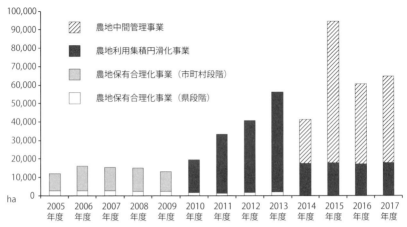

図補2-1　農地保有合理化事業、農地利用集積円滑化事業、農地中間管理事業の農地貸借面積の推移

資料：農林水産省経営局農地政策課『農地保有合理化事業の実績』、同『農地利用集積円滑化事業の実績』、同『農地中間管理機構の実績等について』より筆者作成。

注：1）市町村段階の農地保有合理化法人は、2009年の農業経営基盤強化促進法の改正により農地利用集積円滑化事業が創設されたことから廃止。
　　2）農地中間管理事業の創設にともない農地保有合理化事業は廃止。

への農地集積率を見ると、秋田は全国に比べると担い手への農地集積が進んでいる。管理事業実施の4年間（2014～2017年度）の合計値に着目すると、全国においては集積増加面積の29％、東北においては34％、秋田においては48％が管理事業によるものであり、管理事業開始以降も事業を使わずに農地集積を進めているケースがいずれも過半を超えている。また、管理事業実績に占める新規集積増加分（いわゆる「真水」部分）の占める割合に着目すると、全国37％、東北では46％、秋田では57％となっている。東北とりわけ秋田は、全国に比べても集積増加面積に占める管理事業分の割合が高く、また管理事業実績に占める新規集積分の割合も高い。さらに、管理事業実績の耕地面積に占める割合（4年間合計値）は、全国4.3％、東北6.5％、秋田6.9％であり、新規集積面積の耕地面積に占める割合（4年間合計値）は、全国1.6％、東北3.0％、秋田3.9％である。

補論2　秋田県における農地中間管理事業の取組の特徴と課題

表補 2-2　担い手への農地集積の状況と管理事業の実績

	年度	農地集積率	①集積増加面積 (ha)	②うち管理事業	②/①	③管理事業実績 (ha)	④うち新規集積	④/③	③/耕地面積	④/耕地面積
全国	2013	48.7%								
	2014	50.3%	62,934	7,349	12%	23,896	7,349	31%	0.5%	0.2%
	2015	52.3%	79,727	26,715	34%	76,864	26,715	35%	1.7%	0.6%
	2016	54.0%	62,470	19,277	31%	43,356	19,277	44%	1.0%	0.4%
	2017	55.2%	41,014	17,244	42%	46,540	17,244	37%	1.0%	0.4%
	合計		246,145	70,585	29%	190,656	70,585	37%	4.3%	1.6%
東北	2013	44.8%								
	2014	47.5%	22,262	2,758	12%	7,120	2,758	39%	0.8%	0.3%
	2015	50.8%	26,044	9,541	37%	21,300	9,541	45%	2.5%	1.1%
	2016	52.8%	13,725	7,317	53%	13,635	7,317	54%	1.6%	0.9%
	2017	54.6%	12,769	5,658	44%	12,407	5,658	46%	1.5%	0.7%
	合計		74,800	25,274	34%	54,462	25,274	46%	6.5%	3.0%
秋田	2013	59.0%								
	2014	60.6%	2,277	722	32%	1,049	722	69%	0.7%	0.5%
	2015	64.6%	5,887	2,038	35%	3,679	2,038	55%	2.5%	1.4%
	2016	66.1%	1,986	1,824	92%	3,120	1,824	58%	2.1%	1.2%
	2017	67.8%	1,921	1,174	61%	2,318	1,174	51%	1.6%	0.8%
	合計		12,071	5,758	48%	10,166	5,758	57%	6.9%	3.9%

資料：農林水産省『農地中間管理機構の実績等に関する資料』（各年度版）をもとに筆者作成。
注：1）「担い手の農地集積面積」とは、認定農業者（特定農業法人含む）、市町村基本構想の
　　　　水準到達者、特定農業団体、集落内の営農を一括管理・運営している集落営農が所有権、
　　　　利用権、特定農作業委託により経営する面積、である。
　　　2）耕地面積は当該年のデータを使用。4 カ年合計値については 2017 年のデータを使用。

　以上より、東北、秋田は総じて管理事業による農地集積が全国的にも進ん
だ地域と評価できよう。

（2）管理事業の転貸先となる担い手の内容

　続いて、管理事業を通してどのような担い手に農地が集積したのか見てい
こう。**表補2-3**に示すように、事業実績に占める割合については、全国、東
北、秋田いずれにおいても地域内の農業者がその大部分を占めており、地域

表補 2-3　管理事業における機構からの転貸先別転貸面積の割合

	年度	転貸面積 (ha)	地域内の農業者							地域外からの参入者
				認定農業者					その他	
					個人	法人				
							企業	企業以外		
全国	2014	23,896	97%	90%	28%	62%	14%	48%	7%	3%
	2015	76,864	98%	87%	31%	56%	13%	43%	11%	1%
	2016	43,356	97%	82%	39%	43%	8%	34%	15%	3%
	2017	46,540	97%	81%	37%	44%	13%	30%	16%	3%
	合計	190,656	98%	85%	34%	51%	12%	39%	13%	2%
東北	2014	7,120	98%	92%	38%	54%	10%	44%	6%	2%
	2015	21,300	99%	88%	32%	56%	9%	47%	10%	1%
	2016	13,635	97%	82%	47%	35%	9%	26%	15%	3%
	2017	12,407	98%	87%	47%	40%	12%	28%	11%	2%
	合計	54,462	98%	87%	40%	47%	10%	37%	11%	2%
秋田	2014	1,049	98%	96%	49%	48%	3%	45%	2%	2%
	2015	3,679	100%	95%	34%	61%	5%	55%	5%	0%
	2016	3,120	97%	68%	40%	29%	5%	23%	29%	3%
	2017	2,318	97%	91%	43%	48%	7%	41%	6%	3%
	合計	10,166	98%	86%	39%	47%	5%	41%	12%	2%

資料：農林水産省『農地中間管理機構の実績等に関する資料』（各年度版）をもとに筆者作成。
注：「企業」とは、株式会社又は特例有限会社の形態の法人のことをいう。

外からの参入者への転貸面積はごく僅かである。また、認定農業者への集積割合はいずれも８割以上と高い値である。全国では転貸面積の３分の１、東北と秋田では４割が個人の認定農業者となっている。さらに、全国、東北、秋田では転貸面積の４割前後が企業以外の法人となっており、その多くが集落営農法人であると推察される。

（３）管理事業実施による経営面積拡大と農地団地化の実態

次に、転貸前後における転貸先の平均経営面積の変化を示したのが**表補2-4**である。これによると、全国、東北、秋田においては１年間で２〜３ha程度の規模拡大を実現している。とはいえ、転貸前後の農地の平均団地数の

補論2　秋田県における農地中間管理事業の取組の特徴と課題

表補 2-4　機構による転貸を受けた者における転貸前と転
貸後の平均経営面積と平均団地数の変化

	年度	2014	2015	2016	2017
平均経営面積（ha）	全国	2.0	2.5	1.8	2.1
	東北	2.2	3.2	2.6	2.5
	秋田	2.8	3.6	3.1	2.1
平均団地数	全国	0.5	1.3	1.6	0.9
	東北	0.8	0.9	1.1	1.3
	秋田	1.7	2.2	1.9	0.4

資料：農林水産省『農地中間管理機構の実績等に関する資料』（各
　　　年度版）をもとに筆者作成。
注：「団地」とは、二つ以上の農地が畦畔で接続しているなど、連
　　続して作業ができるほ場のことをいう。

変化については、いずれにおいても共通して団地数が増加しており、規模拡
大に伴い圃場が分散的に増え、農地の集約に結びついていない。こうした傾
向は、2014 〜 2016年度の秋田において強く現れている。

（4）小括

　以上を小活すると、管理事業実施による担い手に対する農地集積効果は政
策当局が描いたほど上がらなかった実態が浮き彫りになった。4 年間合計値
でみても、管理事業を通さずに担い手に農地が集積されている面積が過半を
占めており、農地を集積する上で、管理事業の使い勝手の悪さがうかがえる。
管理事業実績に占める「付け替え」面積の割合が高いこともそれを裏打ちし
ている。経年変化をみても、管理事業実施は円滑化事業による農地集積の進
捗傾向を阻害した面も否定できない。とはいえそうした中でも、東北とりわ
け秋田は、全国と比較すれば管理事業による農地集積が進んでいた。

　また、管理事業における農地の受け手については、地域内の農業者（個人
の認定農業者または集落営農）が大部分であり、地域外の主体が借り受けた
ケースはごく僅かに過ぎず、こちらも政策の意図とは真逆の結果となってい
た。さらに、管理事業を通じて受け手はそれなりの規模拡大は実現している

129

ものの、農地の分散も進んでおり、農地の集約化はそれほど進んでいなかった。

３．秋田県における管理事業の推進体制と市町村における取組

　前節では、秋田県が全国的にも管理事業の実績が高く、また事業を通じて担い手への農地集積が進んでいる実態を確認した。それを受けて本節では、秋田県における管理事業の実施において行政機関や関連団体が果たした役割に着目して分析を進める。(1)では秋田県における管理事業の推進体制について整理し、(2)では秋田県内各市町村における管理事業の実績と事業実績の高かった市町村における取組の特徴について分析する。

（１）秋田県における管理事業の推進体制

　１）2014年度（１年目）
　秋田県では2014年３月に「秋田県における農地中間管理事業の推進に関する基本方針」が策定された。そこでは「2012年度において秋田県内の耕地面積150,100haのうち、担い手が利用する農地の集積率は66％（99,027ha）である。これを農地集積率の全国平均目標値80％より10％高い90％に伸ばす。すなわち、概ね10年後の2023年度に耕地面積145,200ha（2012年度比96.7％）のうち130,600ha（2012年度比31,600ha増）を担い手に集積する」と謳われた。また、「機構は、県内において農地中間管理事業の円滑な推進と地域との調和に配慮した農業の発展を図るため、各市町村における「人・農地プラン」を尊重し、担い手の農業経営の規模の拡大、農用地の集団化、農業への新たに農業経営を営もうとする者の参入を促進するとともに、遊休農地の発生防止・解消を推進する中核的な役割を担う」とされ、「県、市町村、市町村公社、農業協同組合、土地改良区等は、10年後の担い手への農地集積の目標の達成に向け、機構と一体となって総力を挙げて取り組む」とされている。
　以上の方針に沿って、これまで農地保有合理化事業などを実施してきた秋

田県農業公社が秋田県知事により機構として2014年4月に指定され、農業公社では、新たに農地集積課を新設するとともに、人員を6名から15名へと大幅に拡充した。また、農地保有合理化事業を通じて築き上げてきた信頼関係を基に業務を市町村等へ委託し、現場におけるマッチング等[1]の実施体制を整備した。さらに「第2期ふるさと秋田農林水産ビジョン」（2014～2017年度）に基づき進めようとしている園芸メガ団地[2]の整備や田畑輪換が可能な圃場の整備等の動きを支援する形で、各地域で新たに設立される法人に農地を集積・集約化する取組に重点を置くことにした。

2）2015年度（2年目）

事業導入2年目の2015年度には機構人員が拡充された、また、地域における話し合いや出し手農家の掘り起こし活動を活発化させるため、地域の農業事情に精通している現地相談員（農業委員、役所OB、土地改良区理事、法人理事など）を新たに配置した。さらに、県の農地中間管理事業推進チームと市町村、農協、土地改良区等関係機関の連携のもとに、農地集積のモデル事例を作り上げることした[3]。

3）2016～2017年度（3～4年目）

3年目以降は、より一層の出し手農家の掘り起こしを目指し、現地相談員を30人体制へ増強した。また、基盤整備事業との連携強化も図り、モデル地区における集積・集約化の促進を進めるとした[4]。さらに、これまで事業導入が進んでこなかった中山間地域においても農地の集積・集約化を推進するとしている。また、4年目（2017年度）には、試行的に4つの土地改良区へ業務委託を実施した[5]。将来増加が予想される農地中間管理機構関連ほ場整備事業[6]を導入する地区と既に30a区画以上で整備が済んでいる地区における農地集積・集約化に取り組むため、地域の農地情報に精通している土地改良区との連携強化が狙いである[7]。

131

4）2018年度（5年目）

5年目となる2018年度においては、県南駐在所を設置するなど推進体制の強化と周知活動の徹底を図った。また、基盤整備との連携の一層の強化を目指すとし、農地情報に精通した土地改良区への業務委託を23の区まで拡大した[8]。そして、機構関連ほ場整備事業等に絡めた農地利用集積を推進するとした。さらに、圃場整備実施済みの地区における農地の集約化を図るため、土地改良区には耕作状況図を作成し、担い手および関係機関を集めて集約化を検討する役割を期待している。以上に加えて、樹園地の整備や中山間地域の農地活用、異業種との連携などを推進するとしている。

（2）秋田県内市町村における管理事業の実績と取組の特徴

1）管理事業5年間の実績

続いて、秋田県内市町村における管理事業の実績について確認する（**表補2-5**）。市町村毎の集積目標に対する機構の寄与度に着目すると、県内にある25市町村のうち県平均30.2％を上回る市町村は11市町村存在した（最小30.8％〜最大72.4％）。これらの市町村は、秋田県内でも管理事業を活用した農地集積が進んだ地域であるといえよう。一方、県平均を下回る市町村は14市町村（最小0.8％〜最大23.8％）存在した。

これら11市町村（以下、進展自治体）と14市町村（以下、停滞自治体）において、行政機関や関連団体の関わりや果たした役割について違いはあったのかを、①機構の業務委託先組織に農協が含まれていたか、②園芸メガ団地が取り組まれていたか、③モデル地区が存在したか、④現地相談員が設置されていたか、⑤機構から業務を委託された土地改良区が存在したか、以上5項目の実施割合で比較したところ（**図補2-2**）、その全てにおいて進展自治体の値は55〜91％と高く、いずれの取組においても進展自治体の実施割合は停滞自治体のそれを大きく上回っていた[9]。また、進展自治体においては管理事業開始後、2018年度までに集落営農法人数は平均で4.3組織増加していた一方、停滞自治体では平均1.6組織の増加にとどまっていた[10]。さらに、

132

補論2　秋田県における農地中間管理事業の取組の特徴と課題

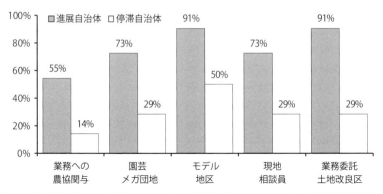

図補2-2　進展自治体と停滞自治体における各取組の実施割合

資料：秋田県農業公社資料及び農林水産省資料より筆者作成。
注：1）「進展自治体」とは、集積目標面積（2014～2018年度の合計値）に対する機構の寄与度が県平均30.2％を上回る11市町村。「停滞自治体」とはそれを下回る14市町村。
　　2）「業務への農協関与」とは機構の業務委託先組織に農協が含まれている場合を指す（2015年度時点）。
　　3）園芸メガ団地は2018年度までに事業が着手された露地栽培関係の取り組みを指す（施設栽培のみは除く）。取組が複数市町村にまたがる場合は、該当市町村それぞれの取組としてカウントした。
　　4）モデル地区は2018年6月11日時点のデータ。複数市町村に地区がまたがる場合は該当市町村それぞれの取組としてカウントした。
　　5）現地相談員は2018年6月11日時点のデータ。同一人物が複数市町村を兼務する場合は、該当市町村それぞれの取組としてカウントした。
　　6）業務委託土地改良区は2018年度の実績。土地改良区が複数市町村にまたがる場合は、該当市町村それぞれの取組としてカウントした。

　市町村における新規集積面積（5年間合計値）と集落営農組織の経営耕地面積の増減（2014年2月～2019年2月）との間には比較的強い正の相関関係があり（**図補2-3**）、集落営農による農地集積拡大が管理事業の活用と深く関わっていた。

　以上のように、秋田県において管理事業が盛んに利用され、それが新規集積に結びついた背景には、県レベルにおいて、管理事業を基盤整備事業、園芸メガ団地といった産地育成対策と一体的に実施するとともに、モデル地区を設定し重点的に事業導入を推進したことや、その手段として、現地相談員を設置し、農協や土地改良区との連携の強化にも取り組んだことがあった。

表補 2-5　秋田県内市町村における担い手への農地集積の状況と管理事業の実績

	①集積目標面積 （5年間合計：ha）	②機構の転貸面積（5年間累計：ha）		②/①	集積目標に対する機構の寄与度 （③/①）
			③うち 新規		
鹿角市	988	303	235	30.7%	23.8%
小坂町	134	43	19	32.0%	14.1%
大館市	1,193	782	506	65.5%	42.4%
北秋田市	990	885	512	89.4%	51.7%
上小阿仁村	85	29	12	33.3%	14.0%
能代市	1,179	548	390	46.5%	33.1%
藤里町	155	47	20	30.0%	12.9%
三種町	912	247	142	27.0%	15.6%
八峰町	329	47	26	14.3%	7.9%
秋田市	1,430	638	441	44.6%	30.8%
男鹿市	740	255	123	34.5%	16.6%
潟上市	535	156	95	29.1%	17.8%
五城目町	287	75	66	26.2%	23.0%
八郎潟町	129	22	8	16.9%	6.2%
井川町	202	77	35	38.2%	17.4%
大潟村	1,784	42	15	2.4%	0.8%
由利本荘市	2,017	506	275	25.1%	13.6%
にかほ市	577	345	112	59.7%	19.4%
大仙市	3,118	3,064	1,392	98.3%	44.6%
仙北市	853	464	320	54.4%	37.5%
美郷町	1,032	1,349	642	130.7%	62.2%
横手市	2,761	2,248	946	81.4%	34.3%
湯沢市	1,045	486	354	46.4%	33.9%
羽後町	627	265	238	42.2%	38.0%
東成瀬村	98	114	71	116.7%	72.4%
県合計	23,200	13,035	7,007	56.2%	30.2%

資料：秋田県農業公社資料及び農林水産省資料より筆者作成。

注：1）各市町村の「集積目標面積」は、秋田県に設定された年間集積目標 4,640ha を各市町村の 2014 年度の耕地面積で按分し算出。

　　2）「業務への農協関与」とは機構の業務委託先組織に農協が含まれているものを指す（2015年度時点）。

　　3）園芸メガ団地数は 2018 年度までに事業が着手されたものをカウントし、複数市町村にまたがる場合は該当市町村それぞれの取組としてカウントした。よって合計値とは一致しない。なお取組は露地栽培関係を抽出（施設栽培のみは除く）。

補論 2　秋田県における農地中間管理事業の取組の特徴と課題

（2014～2018 年度）

担い手の農地集積率			業務への農協関与	園芸メガ団地数	モデル地区数	現地相談員数	業務委託土地改良区数
2013年度	2018年度	増減					
47%	61%	14%	有り		2	1	
48%	56%	8%	有り		1	1	
46%	55%	9%	有り	3	5	1	2
71%	80%	9%	無し	3	7	4	1
78%	66%	-12%	無し				
58%	59%	1%	無し	6	5	4	3
56%	58%	2%	無し				
67%	81%	14%	無し		1	1	3
54%	80%	26%	無し				1
33%	40%	7%	無し	2	7	1	3
66%	71%	5%	無し	2	2	1	1
67%	82%	15%	無し	1	1		1
47%	68%	21%	無し				
90%	74%	-16%	無し				
48%	55%	7%	無し				
82%	97%	15%	無し				
61%	72%	11%	無し	1	4		
72%	71%	-2%	無し	1	1		
58%	65%	7%	有り		12	9	7
54%	79%	25%	有り	1	4		3
69%	82%	13%	有り		3	3	5
57%	63%	6%	有り	2	9	9	8
42%	54%	12%	有り	1	1		5
77%	83%	6%	無し	1			3
24%	71%	47%	無し		1	1	
59%	69%	10%		24	66	36	46

4）モデル地区数は 2018 年 6 月 11 日時点の数字である。複数市町村にまたがっている場合は該当市町村それぞれの取組としてカウントした。よって合計値とは一致しない。

5）現地相談員数は 2018 年 6 月 11 日時点の数字である。同一人物が複数市町村を兼務している場合は、該当市町村それぞれにおいてカウントした。よって合計値とは一致しない。

6）業務委託土地改良区数は 2018 年度の実績をカウントした。土地改良区が複数市町村にまたがる場合は、該当市町村それぞれにおいてカウントした。よって合計値とは一致しない。

7）網かけの部分は秋田県平均を上回っている値である。

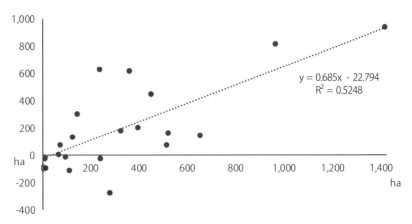

図補2-3　秋田県内市町村における管理事業の新規集積面積（横軸）と集落営農組織の経営耕地増減面積（縦軸）との関係

資料：秋田県農業公社資料及び農林水産省『集落営農実態調査』より作成。
注：1）管理事業の新規集積面積は2014年度から2018年度までの5年間の合計値。
　　2）集落営農組織の経営耕地増減面積は、2019年2月時点の値から2014年2月時点の値を差し引いて算出。
　　3）プロットした市町村は『集落営農実態調査』において集落営農組織の経営耕地を把握できた20市町村。

　このような物心両面からの農業生産現場への手厚い支援が届いた市町村を中心に、集落営農法人の新規設立やそれに伴う農地集積が進み、管理事業の実績が上がったのである。

2）美郷町の実態[11]

　美郷町は、5年間の管理事業による新規集積面積の集積目標面積に対する比率は62.2％（全県2位）、新規集積面積は642ha（全県3位）と、秋田県内市町村の中でも管理事業を利用して担い手への新規集積が特に進んだ地域である。

　美郷町においては、管理事業の業務を美郷町地域農業再生協議会が受託しており、実際の業務は、JA秋田おばこと美郷町が連携して対応している。**表補2-6**より、事業実績440.4haのうちモデル地区における圃場整備事業の実

補論 2　秋田県における農地中間管理事業の取組の特徴と課題

表補 2-6　美郷町における管理事業の実績

管理事業実績（合計）	440.4 ha
実績のうち圃場整備事業の実施面積	274.2 ha
管理事業利用の際に農協が窓口となった実績面積割合	6 割以上

資料：美郷町への聞き取り調査結果より筆者作成。
注：データは 2015 年 10 月時点のもの。

施面積が274.2haと 6 割以上を占め、農地の集積先が予め決まっているケースの利用が多い。これは業務を推進する農協などの関連組織が圃場整備地区における農地集積を進めるため、当該地区における集落営農組織設立や法人化と一体的に推進したことによるところも大きい。また、事業実績面積に占める農協が窓口となった面積の割合は 6 割以上と、営農・生活の両面で農家と日常的に関わりかつ地域農業の実情に詳しい農協が、管理事業の利用手続きにおける農家の窓口として機能することによって、農家における管理事業の利用のしやすさにつながったと推察できる。

3）横手町の実態

　横手市は、5 年間の管理事業による新規集積面積の集積目標面積に対する比率は34.3%（全県 8 位）、新規集積面積は946ha（全県 2 位）と、秋田県内市町村の中でも管理事業を利用して担い手への新規集積が比較的進んだ地域である。

　横手市においては、管理事業の業務を横手市農業再生協議会が受託しており、同地域を管轄しているJA秋田ふるさとが主体となって事業を推進した。**表補2-7**より、事業実績面積502.1haのうち、特定農作業受委託や円滑化事業から移行した面積が452.4haと 9 割以上を占めており、あらかじめ農地の出し手と受け手が決まっていたものが、実績の大部分を占めていたことが分かる。また、実績に占める圃場整備の実施面積も92.8haとおよそ 2 割を占めており、こちらも農地の集積先が決まっているケースの利用といえる。また、

137

表補 2-7　横手市における管理事業の実績

管理事業実績（合計）	502.1 ha
実績のうち圃場整備事業の実施面積	92.8ha
実績のうち特定農作業受委託や農地利用集積円滑化事業から移行した面積	452.4ha
管理事業利用の際に農協が窓口と なった実績面積割合	8 割以上

資料：JA 秋田ふるさとへの聞き取り調査結果より筆者作成。

注：データは 2015 年 10 月時点のもの。

事業実績面積に占める農協が窓口となった面積の割合は 8 割以上であった。営農・生活の両面で農家と日常的に関わり、かつ地域農業の実情に詳しい農協が、管理事業の利用手続きにおける農家の窓口として機能することによって、農家における管理事業の利用のしやすさにつながったと推察できる。

（3）小括

　県レベルでは、管理事業を基盤整備事業、メガ団地事業といった産地育成対策と一体的に推進するとともに、モデル地区を設定し重点的に事業導入を推進した。その手段として、現地相談員を設置し、農協や土地改良区との連携の強化にも取り組んだ。近年は地権者負担なしの基盤整備事業を実施できるようになったことを背景に、こうした推進手法をさらに継続・強化する方針であり、業務委託先としては農地情報に詳しく、また「農業の利害関係者」でもある土地改良区を巻き込んでいる。土地改良区には、基盤整備済みの地域における担い手への農地集約化への機運を高める働きを期待していた。

　また、秋田県内各市町村の動向については、管理事業の利用によって新規集積が進んだ市町村においては、モデル地区・現地相談員の設置やメガ団地の導入といった公的機関による支援、そして農協や土地改良区といった関連団体による支援が存在する傾向にあった。次節では、こうした公的機関による「テコ入れ」や関連団体による支援の現場における実態をみていく。

補論２　秋田県における農地中間管理事業の取組の特徴と課題

４．管理事業の事例分析

（１）由利本荘市旧鳥海町平根地区〜圃場整備を絡めたケース〜

　農事組合法人Aは由利本荘市旧鳥海町平根地区、鳥海山麓に位置する中山間地域において営農を展開している[12]。地下水位が高く水はけが悪く、畑作物に不向きな農地が多かった地域である。圃場整備前までは10a区画が大部分であった。法人設立時点では、集落の農地面積は76ha（うち水田71.4ha）、集落内農家数は68戸（うち５ha以上層は２戸、残りは全て小規模兼業農家）であった。

　法人設立までの経緯を簡単にふりかえると、経営所得安定対策への対応として、集落内に２つの枝番管理型の集落営農組織が2007年に誕生した。その後、法人化を模索する中で基盤整備事業導入が検討され、2013年に採択、翌2014年４月に工事開始が始まった。

　基盤整備実施決定後、ちょうど国により推進されていた管理事業の活用も目指すことになり、既存の２組織を解散し（2014年２月）、2014年７月に農事組合法人Aを設立した（構成員11名、役員５名）。法人設立後、秋田県から県が推進する「園芸メガ団地育成事業」の話を持ちかけられ、取組を進めた（2014年度にモデル地区として認定、2015年４月にメガ団地事業採択）。**図補2-4**に示すように、2015年度に管理事業を活用し全ての農地を集約した（経営面積63.3ha、うち基盤整備地区内54.6ha：地区内集積率86％）。基盤整備事業の導入に際して浮上した未相続農地の問題については、土地改良区が相談窓口や事務作業支援者としての役割を果たし処理した[13]。

　地域の水田を守りながら、今後は収益性の高いリンドウ、アスパラガス、小菊などの複合部門に取り組み、地域に雇用を生み出すことを目標としている。本格的な複合部門の生産が始まった2016年には、地区内から多くのパート従業員を雇用している（常時12〜13名、登録者合計55名）、その中心は60代から70代である。このように平根地区は、基盤整備事業と農地中間管理事

〈基盤整備前〉　　　　　　　　〈基盤整備後〉

図補 2-4　平根地区における基盤整備前後の土地利用状況
資料：長濱（2018：pp.48-50）より引用。

業を活用した農地利用集約を同時に進めていた事例である。

(2) 北秋田市向黒沢地区～法人同士の換地を活用したケース～

　農事組合法人Bは北秋田市北部に位置する平坦地において営農を展開している。昭和50年代にモデル地区として30a区画圃場整備が実施された地域でもあり、集落内水田面積は80haである（うち入作約20ha）。2015年時点で集落内農家数22戸であり、うち3戸が認定農業者であった。

　管理事業活用までの経緯をふりかえると、2007年に経営所得安定対策対応のため、任意組織を設立した（構成員13戸）。2010年に円滑化事業の活用による規模拡大加算の取得や施設・農機具導入に伴う補助金獲得を目的として法人化した（農事組合法人）。法人化後は稲作をメインとしつつ、ネギや枝豆の複合部門にも力を入れており、集落内に雇用を生み出している。その後、徐々に集落内農地の集積が進み、事業利用前の時点で法人の経営面積は54ha（うち集落内34ha、集落外近郊20ha）であり、2015年の主な作付は主食用米29.9ha、加工用米10.4ha、大豆6.9ha、枝豆2.8ha、ネギ1.8ha等であった。

　B法人は2015年度に管理事業を利用した。集落内の3戸の認定農業者を含む6戸の農家が経営転換協力金を目的に離農し、事業を活用して法人へ農地を貸し出し、法人の構成員となった（2016年時点で構成員19戸、役員3名、

補論 2　秋田県における農地中間管理事業の取組の特徴と課題

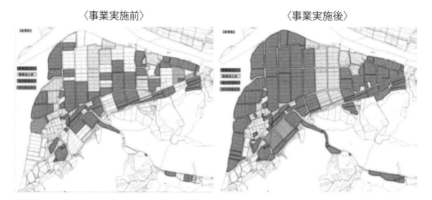

図補 2-5　向黒沢地区における管理事業実施前後の土地利用状況
資料：長濱（2018：pp.52-53）より引用。

社員 4 名、臨時雇用 2 名）。それらの離農農地面積は合計26.2haにのぼる。このほか、法人は地域集積協力金の取得を目的に構成員所有農地の「借り換え」を行うとともに、面的集積を目的に入作している農事組合法人Cと農地の「付け換え」を実施した。C法人は、条件の悪い中山間地域で耕作する法人だが、他地区も含め大規模に農地を借入れながら営農を展開しており、向黒沢地区においては、以前から借入面積の拡大や地権者の意向を受けた農地買い入れを進めていた。この 2 つの法人が自らの所有地も含めて交換を行った。両法人の代表者によると、個別経営者は土壌の性質や自らの耕作地にこだわるが、規模の大きい法人経営になると場所の位置にはこだわらず、交換により作業効率が上昇することを選択するとのことであった。結果、向黒沢地区の農地利用状況は極めてシンプルな姿となった（**図補2-5**）。

　以上の管理事業の導入やそれに伴って生じた農地の権利調整において、向黒沢地区では、土地改良区の『換地士資格』を有した地域の農地情報に詳しい人材が事業推進における調整役を買って出たために実現した経緯がある。基盤整備のみならず農地の利用調整に土地改良区が積極的に関わり、効率的な経営を実現するために機能することは極めて効果的であるといえる。

（3）小括

以上、2つの事例においては、農地の受け手は既に存在しており、受け手の探索にかかる取引費用は存在せず、その意味では「マッチング」にかかる負担は小さいケースといえよう。とはいえ、農地の貸し出し先が決まっているとはいえ、実際に「農地を動かす」局面になれば、農地条件の差異をふまえた換地交渉や未相続農地問題を含めた各種手続き等の様々な取引費用が生じてくる。そうしたコスト負担を実質的に引き受けたのが、ともに土地改良区であった。

5．まとめと今後の課題

（1）管理事業の評価と秋田県における取組の特徴

まず、管理事業導入による担い手への農地集積効果は政策当局が描いたほど上がらなかった。数字を見れば、導入以前における円滑化事業の実績は、農地の出し手・受け手双方への助成措置等を背景に伸びていたのに対して、管理事業はその動きにストップをかけたのみならず、管理事業実績において円滑化事業からの実質的な「付け替え」も少なくなかったからである。そうした意味で、管理事業は「屋上屋を架す」政策ともいえる。また、事業の業務委託先からの農協の除外や白紙委任による農外からの参入促進といった事業の枠組みも実質的に機能していなかった。

そうした全国的な動きに対して、秋田県では管理事業の活用によって農地の新規集積が進んでいた。その背景には、県レベルにおいて、管理事業を基盤整備事業、園芸メガ団地事業といった産地育成対策と一体的に実施したり、モデル地区を設定し重点的に事業導入を推進したりしたことや、その手段として、現地相談員を設置し、農協や土地改良区との連携の強化にも取り組んだことがあった。農地の出し手と受け手の双方の存在を前提とした圃場整備に絡めた事例や法人同士の換地が絡んだ事例の分析からは、農地情報に詳し

補論2　秋田県における農地中間管理事業の取組の特徴と課題

い土地改良区がマッチング作業の円滑化において大きな役割を果たしていることも明らかになった。

（2）今後の課題

　前掲**表補2-5**によると、管理事業による農地集積が秋田県において進展しているといっても、市町村レベルでみれば進んでいる地域とそうではない地域が併存していた。管理事業による農地集積を進めるには、実績の上がらなかった地域に対して対策を講じることが必要となる。

　秋田県の推進体制や市町村の動向をふまえれば、公的機関や関連団体による支援を受けることのできた地域において管理事業は活用され、担い手への集積が進んできた経緯があり、今後はそうした支援をこれまで受けてこなかった地域にまで支援の手が届くのかがポイントになる。本論では詳しく述べなかったが、そうした地域の多くは中山間地域等の条件不利地域であり、しかも担い手が不足しているケースが少なくない。今後、公的機関や関連団体にはこうした地域に対する支援においてより一層の働きが期待されるとともに、機構関連ほ場整備事業を含めた制度の積極的活用が求められる。

　とはいえ、農協や土地改良区などの農業関連諸団体は運営基盤の弱体化が懸念されており、その強化のため、合併や統合が進められていることも事実である[14]。こうした動きが進行するほど、農業現場に関わる職員が削減されることになり、農地流動化を進める際に発生する取引費用を負担できる主体がいなくなってしまう。国が農地集積を進めるべく「テコ入れ」を図ろうにも、農村現場において「テコ入れ」を実際に支援する主体がいなくなれば、担い手への農地集積が円滑に進まない。国はそうした諸団体に対しても運営基盤強化に資する適切な措置を講じていく必要があると考えられる。加えて、近年「受け手の死亡や失踪等のやむを得ない事情により、機構が中間保有を行う案件が生じて」（秋田県農地中間管理機構、2019）おり、機構を通じて集積した農地をどのように持続的に利用・管理していくかも無視できない課題となりつつある。

143

注
1） 業務委託の内容は、①相談窓口業務、②出し手・受け手の掘り起こし、③借受予定農用地の位置・権利関係の確認、④出し手・受け手との条件交渉・連絡調整、⑤契約締結・変更・解約に係る業務、⑥事業対象農地のリスト化（農地・出し手・受け手の情報をリスト化）および利用状況報告のとりまとめ、である。

2） 園芸メガ団地育成事業について佐藤（2016）は、「販売金額1億円規模の施設園芸団地を県、市町村による合計4分の3補助で整備するもので、さらに「事業実施主体」と「営農主体」を分離可能とすることで、「営農主体」の初期投資を抑えるものになっている」と指摘している。

3） 2015年7月時点で29のモデル地区が設定された（構成農家戸数3,419戸、農地面積3,288.5ha）。2016年3月末時点では同42地区（同5,483戸、同5,372ha）、2017年5月時点では同50地区（同8,160戸、同7,883ha）、2018年5月時点では同65地区（同9,939戸、9,464.1ha）へと拡大している。

4） 秋田県農業公社への聞き取りによれば、管理事業を通した秋田県内の借受面積上位10法人のうち、2015年度は7法人、2016年度は8法人が、基盤整備事業を絡めての集積となっている。

5） 土地改良区への業務委託内容は、契約締結以前のプロセスである、①相談窓口業務、②出し手・受け手の掘り起こし、③借受予定農用地の位置・権利関係の確認、④出し手・受け手との条件交渉・連絡調整、である。秋田県農業公社への聞き取りによれば、特に期待しているのが④の業務とのことであった。

6） 2018年度に新たに制定された県営の圃場整備事業制度である。特徴は以下の通りである。①事業実施する全ての農地において、事業計画の公告日から15年以上の農地中間管理権を設定、②事業対象農地面積が5ha以上（事業対象農地を構成する各団地は0.5ha以上）、③事業完了後5年以内に80％以上を担い手に集団化（秋田県の農地集積面積90％以上）、④事業完了後5年以内に対象農地の収益性が20％以上向上、⑤以上の要件を満たすことにより、受益者負担はゼロになる。

7） 機構と土地改良区との連携推進は国の意向に沿った対応でもある（農林水産省経営局、2018）。

8） 2019年度は、業務委託先を25の土地改良区に拡大する予定である。その結果、秋田県内に78ある土地改良区の管内面積の6割（5.5万ha）をカバーすること

補論2　秋田県における農地中間管理事業の取組の特徴と課題

になる。

9）各取組の実施数（平均値）は以下の通りである。園芸メガ団地数は進展自治体では1.7団地、停滞自治体では0.4団地。モデル地区数は進展自治体では4.9地区、停滞自治体では0.9地区。現地相談員数は進展自治体では2.9人、停滞自治体では0.3人。業務委託土地改良区数は進展自治体では3.6区、停滞自治体では0.4区。

10）これらの値は2019年2月時点のデータから2014年2月時点のデータを差し引いて算出した（資料は農林水産省『集落営農実態調査』）。

11）美郷町および横手市の実態把握は2015年10月調査時点のものである。

12）農事組合法人Aの取組の詳細については渡部（2017）を参照のこと。

13）長濱（2018：pp.49-50）は、平根地区において基盤整備事業において土地改良区の果たしてきた役割が大きかったことを指摘している。「農地中間管理機構との連携の下、基盤整備事業実施と法人への農地集積を進める上で「未相続農地（所有者の死亡後、分割協議や相続登記等の手続きがなされていない農地）」の問題があった。基盤整備の計画書作成の段階で、航空写真の撮影など調査に時間がかかり、また経費も掛かる。未相続の場合、所有権を確定するために権利者の相関図も作成する必要がある。これらの経費は事業費に含まれることとなるので、未相続農地が多い場合は、自ずと権利調整業に長期を要することになる。中山間地域であるB地区（平根地区…筆者）では、農地だけでなく、雑種地・原野などの様々な地目が未相続である場合が多い。事業の対象となるのは農地だけであるから、ここではまず耕作者から不在地主である未相続者に連絡を取ってもらった後、土地改良区が相続を促す実務を担っている。また相談の窓口として土地改良区が機能した。今回、相続手続きを行った地権者に「農地相続にあたり最も苦労したことは何か」と尋ねたところ、「書類作成などの手続きの煩雑さ」ということであったが、これらにも土地改良区が主体的に活動しており、土地改良区の支援については、ヒアリングを行った地権者は皆、満足できるものであったと回答していた。」（以上、抜粋引用）。

14）こうした動きが進行するほど農業現場で農地集積に携わる職員が削減されることになり、担い手への農地集積が進みにくくなると思われる。ちなみに秋田県においては、全農協の職員数は2008年度の4,178人から2018年度の3,733人へ、10年間で1割（445人）減少している。

145

引用文献

秋田県農地中間管理機構（2019）「農地中間管理事業　第1ステージの総括（平成26 ～ 30年度）」http://www.ak-agri.or.jp/uploads/contents/pages_0000000040_00/%E7%AC%AC%EF%BC%91%E3%82%B9%E3%83%86%E3%83%BC%E3%82%B8%E3%81%AE%E7%B7%8F%E6%8B%AC%EF%BC%88R0106%EF%BC%89.pdf（最終アクセス日：2024年8月31日）。

阿部健一郎（2008）『集落農場から「集落営農」へ—稲作農家・集落の対応と自主的複合経営確立の模索—』自費出版。

安藤光義（2006）「集落営農の持続的な発展に向けて」安藤光義編著『集落営農の持続的な発展を目指して—集落営農立ち上げ後—』全国農業会議所：3-34。

安藤光義（2008）「水田農業構造再編と集落営農—地域的多様性に注目して—」『農業経済研究』80（2）：67-77。

安藤光義（2011）「戸別所得補償制度の課題と展望—水田農業政策の展開過程」『レファレンス』（729）：37-64。

安藤光義（2015）「農地集積それでも農地は信用で動く　集積バンクは目標の1割」『エコノミスト』2015年5月12日号：92-93。

安藤光義（2018）「本格的な縮小再編に突入した日本農業」安藤光義編著『縮小再編過程の日本農業：2015年農業センサスと実態分析（日本の農業—あすへの歩み—）』250・251：1-14。

安藤光義（2019a）「平成期の構造政策の展開と帰結」、田代洋一・田畑保編『食料・農業・農村の政策課題』筑波書房：120-172。

安藤光義（2019b）「農地中間管理機構が抱える制度的課題」『農村と都市をむすぶ』（815）：40-46。

安藤光義（2021）「2000年以降の農業構造政策の展開過程：農地制度、農地集積手法、水田農業政策」『レファレンス』71（2）：53-76。

安藤光義（2023）「農業の担い手に関する現状と政策上の課題」谷口信和編集代表・安藤光義編集担当『日本農業年報68　食料安保とみどり戦略を組み込んだ基本法改正へ—正念場を迎えた日本農政への提言—』筑波書房：39-58。

安藤光義（2024）「基本法見直しにおける農業政策の批判的検討—多様な農業人材を中心に—」谷口信和編集代表・安藤光義編集担当『日本農業年報69　基本法見直しは日本農業再生の救世主たりうるか—農政の新たな展開方向をめぐって—』筑波書房：43-64。

有本寛・中嶋晋作「農地集積と農地市場」『農業経済研究』85（2）：70-79。

第43回東北農業経済学会岩手大会実行委員会・岩手県農業研究センター（2008）

『集落営農組織の現状と展開方向―岩手県における集落営農組織の調査分析を中心として―』。

後藤利雄（2013）「集落営農が目指すもの」JA-IT研究会第33回公開研究会、http://ja-it.net/wpb/wp-content/uploads/PDF/seminar_report/33report3.pdf（最終アクセス日：2017年8月7日）。

橋詰登（2012）「集落営農展開下の農業構造と担い手形成の地域性―2010年農業センサスの分析から」安藤光義編著『農業構造変動の地域分析』農山漁村文化協会：28-56。

平林光幸（2020）「近年の集落営農組織の動向と再編に関する研究動向」、『農林水産政策研究所レビュー』（93）：6-7。

平林光幸・小野智昭（2013）「東北地域における「枝番管理」型集落営農組織の特徴と展望：秋田県X地区を事例に」『日本農業経済学会論文集』：23-30。

広島県（2012）「集落法人育成の手引（Ⅵ　集落法人の会計と税制、3　経営分析）」https://www.pref.hiroshima.lg.jp/uploaded/attachment/65948.pdf（最終アクセス日：2024年8月28日）。

堀口健治（2015）「大規模経営の展開と構造・その時代区分と課題―土地利用型農業を対象に―」戦後日本の食料・農業・農村編集委員会編『大規模営農の形成史（戦後日本の食料・農業・農村　第13巻）』農林統計協会：9-72。

伊庭治彦（2012）「集落営農のジレンマ：世代交代の停滞と組織の維持」『農業と経済』78（15）：46-54。

今村奈良臣（1983）『現代農地政策論』東京大学出版会。

稲垣照哉（2022）「人・農地関連法」の見直しの経過と施行に向けた課題（上）」『農政調査時報』（588）：13-27。

稲垣照哉（2023）「人・農地関連法」の見直しの経過と施行に向けた課題（下）」『農政調査時報』（589）：17-28。

井坂友美（2017）「農地取引メカニズムの諸類型と非市場的取引の実態」『農業経済研究』89（1）：32-49。

磯田宏（1995）「佐賀県杵島郡白石町における実態調査報告」『認定農業者等の規模拡大過程における農作業受委託と賃貸借への移行に関する調査結果報告書』全国農地保有合理化協会：119-153。

可知祐一郎（2021）『「地域まるっと中間管理方式」とは？―農地中間管理事業をフル活用！―』全国農業図書ブックレットNo.18、一般社団法人全国農業会議所。

釼持和花（2018）「農業法人における被雇用者の定着に向けた課題―人員配置・育成・評価の視点から―」秋田県立大学生物資源科学部生物環境科学科地域計画学研究室、平成29年度卒業論文。

季刊地域編集部（2012）「東日本型の集落営農　もらえるおカネはもらい、「農村集落経営」をじっくり組み立てる」『季刊地域』（10）：36-40。

京都府農業会議（2022）「令和4年度京都府農業会議事業計画（案）」、http://www.agr-k.or.jp/soshiki/PDF/2022jigyoukeikaku.pdf（最終アクセス日：2023年7月6日）。

小針美和（2015）「農地中間管理機構初年度における農地集積の動向―求められる詳細な分析にもとづく政策評価―」『農林金融』68（7）：20-34。

小林元（2016）「土地持ち非農家のコミットメントを確保するために」『農業と経済』82（1）：40-49。

小林恒夫（2005）『営農集団の展開と構造―集落営農と農業経営―』九州大学出版会。

小林恒夫・白武義治（2001）「WTO体制下の佐賀平坦水田地帯における農業構造の変貌と農協の課題―白石町の事例に即して―」『佐賀大学農学部彙報』86：11-30。

今野仁一（2016）「JA加美よつばにおける飼料用米カントリーエレベーターの活用」『飼料用米普及のためのシンポジウム2016―資料集―』（2016年3月11日）：146-155。

工藤昭彦（1999）「農地保有合理化事業を活用した農地利用改革の課題」『農業経済研究報告』（31）：1-20。

工藤昭彦（2009）「農地保有合理化事業による農地利用改革と担い手形成の方向」『土地と農業』（39）：1-33。

工藤昭彦・角田毅編著（2021）『農地政策と地域農業創生：参加型改革の原点を探る』、東北大学出版会。

工藤修（2018a）「地域を活かす経営戦略―人と資源のフル活用―」秋田農業の未来をつくるⅡ研修会資料、2018年2月10日、カレッジプラザ。

工藤修（2018b）「地域を活かす経営戦略―人と資源のフル活用―」『農業』（1640）：54-57。

みやぎ農業振興公社（2016）「みやぎの農地集積バンク通信　平成28年6月増刊号（No.6）」、http://www.miyagi-agri.com/wp/wp-content/uploads/2016/06/miyagi-nouchitsushin6.pdf（最終アクセス日：2024年8月29日）。

森剛一（2012）『法人化塾（第3版）』農山漁村文化協会。

森剛一（2020）『法人化塾：集落営農2階建て法人化とインボイス制度対応』農山漁村文化協会。

森本秀樹（2010）「いろいろな取組が芽生える集落営農」『農業』（1531）：54-58。

長濱健一郎（2018）「基盤整備と連携した農地利用集積の促進―秋田県の事例―」『土地と農業』48：43-58。

中村勝則・渡部岳陽（2012）「東北水田農業の構造変動―急激な農家数減少の内実」安藤光義編著『農業構造変動の地域分析』農山漁村文化協会：121-151。

日本農業新聞（2022）「集落営農、一社化の動き」2022年8月7日。

日本農業新聞（2024）「地域の農地一社で集積」2024年7月25日。

農業協同組合新聞（2012）「【人づくり・組織づくり・地域づくり】地域営農ビジョン運動でさらなる進化をめざす　JA加美よつば（宮城県）」『農業協同組合新聞』2012年10月4日号。

農林水産政策研究所（2010a）「平成20年度　集落営農組織の設立等が地域農業、農地利用集積等に与える影響に関する分析　研究報告書」（経営安定プロジェクト研究資料第4号）。

農林水産政策研究所（2010b）「平成21年度　水田作地域における集落営農組織の設立等の動向に関する分析　研究報告書」（経営安定プロジェクト研究資料第6号）。

農林水産省（2005）『経営所得安定対策等大綱』。

農林水産省（2019a）『平成30年度食料・農業・農村白書』。

農林水産省（2019b）『農地中間管理機構の実績等に関する資料（平成30年度版)』。

農林水産省（2024）『農業経営基盤強化促進法の基本要綱』。

農林水産省経営局（2018）「農地中間管理機構と農地整備事業等との更なる連携強化に向けて」『農業農村整備に関する説明会・意見交換会』資料。

小田切徳美（1994）『日本農業の中山間地域問題』農林統計協会。

小田切徳美（2024）『にぎやかな過疎をつくる―農村再生の政策構想』農山漁村文化協会。

三枝しずの（1996）「佐賀県白石町太原上集落における大豆生産の取り組みについて」『豆類時報』（5）：16-21。

佐藤加寿子（2016）「秋田県農業が直面している事態と園芸メガ団地育成事業」、農業・農協問題研究所、研究所東北支部共催「現地研究会・視察：米産地の活路をさぐる―秋田県園芸メガ団地事業を事例に―」報告資料。

佐藤了・倉本器征・大泉一貫（1994）「東北水田農業の担い手問題と土地利用秩序の形成」永田恵十郎編著『水田農業の総合的再編―新しい地域農業像の構築に向けて―』農林統計協会：39-58。

品川優（2015）「集落営農による農業構造変動の東西比較：東北と北部九州」『佐賀大学経済論集』48（3）：1-26。

品川優（2017）「九州水田地帯における農業構造の変動と集落営農」『農業問題研究』48（1）：29-38。

品川優（2018）「九州水田農業における農業構造変動と集落営農の展開」『縮小再編過程の日本農業：2015年農業センサスと実態分析』日本の農業（250・251）：219-247。

品川優（2019）「北部九州における生産調整対応」谷口信和編集代表・安藤光義編集担当『日本農業年報64　米生産調整の大転換―変化の予兆と今後の展望―』農林統計協会：177-193。

品川優（2022）『地域農業と協同　日韓比較』筑波書房。

紫波町産業部産業政策監（2022）「地域の農地を一元的に管理する管理主体の創設
　～一般社団法人　里地里山ネット漆立の事例～」『産業政策監調査研究報告』(17)。

紫波町産業部産業政策監（2023）「地域計画作成にむけた農地の需給見通しとリー
　ディングプロジェクト」『産業政策監調査研究報告』(23)。

生源寺真一（1998）『現代農業政策の経済分析』東京大学出版会。

角田毅（2009）「枝番管理型（東北）の政策への適合性」『農業と経済』75（12）:
　81-86。

田畑保（1990）「地域農業の構造と農地流動化」田畑保・宇野忠義編『地域農業の
　構造と再編方向─近畿滋賀と東北宮城の比較分析─』農業総合研究所: 117-149。

田畑保（2013）「21世紀初頭における日本農業の構造変動の歴史的位相─2010年農
　林業センサス結果から考える─」『明治大学農学部研究報告』62（4）: 89-112。

高橋明広（2016）「集落営農組織の広域化: 合併と連携」『農業と経済』82（1）:
　50-57。

谷口信和（2007）「日本農業の担い手問題の諸相と品目横断的経営安定対策」梶井
　功編集代表・谷口信和編集担当『日本農業年報53　農業構造改革の現段階─経
　営所得安定対策の現実性と可能性─』農林統計協会: 23-54。

田代洋一（2011）『地域農業の担い手群像』農山漁村文化協会。

田代洋一（2012）『農業・食料問題入門』大月書店。

田代洋一（2016）『地域農業の持続システム─48の事例に探る世代継承性─』農山
　漁村文化協会。

田代洋一（2020）『コロナ危機下の農政時論』筑波書房。

田代洋一（2022）『新基本法見直しへの視点』筑波書房。

田代洋一（2023）『農業政策の現代史』筑波書房。

椿真一（2011）「水田・畑作経営所得安定対策が東北水田単作地帯に与えた影響─
　個別的土地利用から集団的土地利用へ─」『農村経済研究』29（2）: 28-35。

椿真一（2016）「農地市場における農地中間管理機構の効果と課題─秋田県を事例
　に─」『農村経済研究』34（1）: 95-103。

椿真一（2017）「東北水田農業の新たな展開─秋田県の水田農業と集落営農─」筑
　波書房。

椿真一（2018）「農地市場における農地中間管理機構の効果と課題─山形県を事例
　に─」『農村経済研究』35（2）: 29-38。

椿真一（2019）「樹園地における農地中間管理事業の実態と課題─愛媛県柑橘農業
　地域を事例に─」『農村経済研究』: 36（2）: 41-52。

坪井伸広（1999）「農林地の利用権一括設定の実態・論理・可能性」『農林統計調
　査』49（5）: 41-47。

矢口芳生（2019）「共生農業システムを担う社会的農企業─鳥取県八頭町の新たな

挑戦」柏雅之編著『地域再生の論理と主体形成─農業・農村の新たな挑戦』早稲田大学出版部：25-81。

山本公平（2017）「集落営農法人における重層的組織の持続的経営に関する一考察：一般社団法人笠木営農組合の事例を中心に」『国際学研究』6（2）：77-86。

渡部岳陽（2012）「東北水田農業の担い手構造と今後の展望─秋田県の事例─」『農村経済研究』30（1）：26-37。

渡部岳陽（2013）「東北における雇用創出を目指した集落営農組織の展開過程と地域農業再編の展望〜秋田県平坦水田地帯の実態分析を通じて〜」『2013年度農業問題研究学会秋季大会ミニシンポジウム報告資料』。

渡部岳陽（2017）「秋田県における園芸メガ団地育成事業を活用した地域農業再編の実態と展望〜由利本荘市鳥海平根地区の事例分析を中心に〜」『農業・農協問題研究』（62）：13-19。

渡部岳陽（2020）「東北における農地中間管理事業の取り組みの特徴と課題〜秋田県の事例を対象として〜」『農業問題研究』51（2）：10-20。

渡部岳陽・中村勝則（2008）「品目横断的経営安定対策下における集落営農組織化の現状と課題〜秋田県平鹿地域を対象として〜」『東北農業経済研究』26（2）：62-67。

図表一覧

第1章

表1-1　集落営農数の推移

表1-2　S営農組合構成員一覧表（2006年8月時点：S集落内農家のみ）

表1-3　S営農組合構成員の集落営農組織への評価（S集落内農家のみ）

表1-4　S営農組合構成員の集落営農への評価（整理版）

表1-5　S営農組合構成員間の稲作作業受委託及び稲作共同作業関係
　　　　（2006年8月時点）

表1-6　S営農組合構成員間の稲作作業受委託及び稲作共同作業関係
　　　　（2012年11月時点）

表1-7　集落営農設立が構成員にもたらした効果（スコア）

表1-8　S営農組合構成員および後継者世代の今後の意向（スコア）

表1-9　親が農業引退した場合の自家稲作に対する後継者世代の意向

第2章

表2-1　宮城県と加美郡における農業産出額（2019年）

表2-2　JA加美よつばにおける組合員部会組織の概況

表2-3　宮城県と加美郡における主副業別農業経営体数
　　　　（個人経営体：2020年）

表2-4　農業生産組織等への参加状況（販売農家：2005年）

表2-5　JA加美よつばとA集落における出来事・取組の推移

図2-1　JA加美よつば管内における生産調整対応の推移

図2-2　ブロックローテーションの見直し（イメージ図）

表2-6　対策に対応して設立された70の集落営農組織の現状（2021年時点）

表2-7　枝番集落営農構成員数の変化（設立時～ 2021年）

表2-8　加美郡における集落営農法人の設立状況と経営動向

表2-9　加美郡における経営耕地規模別経営体数と経営耕地面積規模別面積の推
　　　　移（農業経営体）

表2-10　JA加美よつば管内における水田利用の推移

図2-3　農事組合法人aの運営体制（2015年）

第3章

表3-1　佐賀県と白石町における農業産出額（2019年）

表3-2　JAさが（白石地区）における組合員部会組織の概況

表3-3　佐賀県と白石町における主副業別農業経営体数（個人経営体：2020年）

表3-4　佐賀県と白石町における農業経営体数と認定農業者数

表3-5　農業生産組織等への参加状況（販売農家：2005年）

表3-6　白石町における集落営農の動向

表3-7　白石町における地区別の集落営農の状況

表3-8　白石町における集落営農法人の構成員数と経営面積の動向

表3-9　白石町における経営耕地規模別経営体数と経営耕地面積規模別面積の推移（農業経営体）

表3-10　白石町における水稲、大豆、麦類の作付面積の推移

図3-1　C法人の組織機構図（2021年時点）

表3-11　C法人の経営概況

図3-2　C法人における作付面積の推移

表3-12　C法人における構成員脱退の動向

第4章

図4-1　T法人の組織体制（2018年時点）

表4-1　T法人の事業展開

表4-2　T法人の損益状況

表4-3　T法人における経営の安全性指標の推移

表4-4　法人構成員の「状態」別の収入

図4-2　T法人における作付圃場図（2013年）

図4-3　T法人の加工・冷凍事業の概要

第5章

図5-1　管理事業下の担い手集積面積と耕地面積の増減

図5-2　担い手への集積増減面積（横軸）と耕地増減面積（縦軸）の関係：都道府県、2013 〜 2023年度［単位：ha］

表5-1　「地域まるっと中間管理方式」の全国における取組（2023年3月時点）

図5-3　一般社団法人Xと各主体との農地をめぐる関係

図表一覧

補論 1
表補1-1　各都道府県における担い手への農地集積率の推移
図補1-1　担い手への農地集積率（横軸）と主業経営体・団体経営体が併存する
　　　　集落割合（縦軸）の関係
図補1-2　担い手への農地集積率（横軸）と主業経営体・団体経営体がともに存
　　　　在しない集落割合（縦軸）の関係
表補1-2　農地の賃貸借・利用権の設定等の実績推移（全国：件数と面積）
表補1-3　農地中間管理事業の実績（10年間合計値：2014 ～ 2023年度）
図補1-3　管理事業下における集積面積と「付け替え」面積率の推移
図補1-4　担い手への農地集積率（横軸）と管理事業における「付け替え」面積
　　　　（縦軸）の関係
表補1-4　管理事業における転貸面積実績の推移
図補1-5　地域内認定農業者（法人・企業以外）への転貸面積と集落営農の動向
表補1-5　管理事業における転貸面積実績（10年間合計）

補論 2
表補2-1　管理事業の実績（全国）
図補2-1　農地保有合理化事業、農地利用集積円滑化事業、農地中間管理事業の
　　　　農地貸借面積の推移
表補2-2　担い手への農地集積の状況と管理事業の実績
表補2-3　管理事業における機構からの転貸先別転貸面積の割合
表補2-4　機構による転貸を受けた者における転貸前と転貸後の平均経営面積と
　　　　平均団地数の変化
表補2-5　秋田県内市町村における担い手への農地集積の状況と管理事業の実績
　　　　（2014 ～ 2018年度）
図補2-2　進展自治体と停滞自治体における各取組の実施割合
図補2-3　秋田県内市町村における管理事業の新規集積面積（横軸）と集落営農
　　　　組織の経営耕地増減面積（縦軸）との関係
表補2-6　美郷町における管理事業の実績
表補2-7　横手市における管理事業の実績
図補2-4　平根地区における基盤整備前後の土地利用状況
図補2-5　向黒沢地区における管理事業実施前後の土地利用状況

あとがき

　本書は著者にとって初めての単著となる。既に数多くの集落営農関係の書籍が存在する中で、本書の出版にどれほどの意義があるのかは正直分からない。さらに本論部分の分析対象は、わずか５つの枝番集落営農に限られ、それらは中小規模農家が相対的に厚く残る東北と北部九州における取組事例にすぎない。そうした意味では、枝番集落営農に取り組める「恵まれた」ケースに焦点を当てた分析にすぎず、農家数の減少や農業者の高齢化がより深刻な西日本をはじめとする他の地域には参考にならないかもしれない。

　とはいえ、農家を内部に抱え込む枝番集落営農は、農家であり続けたいという農家の意思を最大限尊重するために現場が生み出した知恵である。本書でも扱ったまるっと方式にせよ、いまだ各地で取り組まれている特定農作業受委託にせよ、その根底にあるのは「農業をできるだけ続けたい」という農家の想いである。それを無視して推進されてきた農業構造政策が行き詰まっていることはいうまでもないが、現実の農業構造と農家の意志に寄り添った分権的な農業・農村政策が必要であるという示唆を、大まかではあれ本書の分析を通じて引き出せたようにも思う。

　いずれにせよ、本書には多くの限界がある。それを真摯に受けとめた上で、今後とも研究に精進していきたい。

　さて本書は、著者がこれまで公表してきた論考に大幅な加筆・修正を施したものである。もとになった論考は下記の通りである。

序　章　書き下ろし

第１章　渡部岳陽・中村勝則（2008）「品目横断的経営安定対策下における集落営農組織化の現状と課題〜秋田県平鹿地域を対象として〜」『東北農業経済研究』26（2）：62-67.

渡部岳陽（2014）「東北水田農業地帯における「非協業」的集落営農組織の機能に関する一考察―秋田県平鹿地域S営農組合を事例に―」『農業問題研究』46（1）：11-18.

第2章　渡部岳陽（2018）「東北・宮城県における農業構造変動―津波被害と集落営農組織の展開に焦点を当てて―」『日本の農業―あすへの歩み―（『縮小再編過程の日本農業―2015年農業センサスと実態分析―』）』第250・251集：43-67.

第3章　渡部岳陽（2021）「集落営農による持続的地域農業の展開条件―大規模集落営農T法人の事例によりながら―」工藤昭彦・角田毅編著『農地政策と地域農業創生―参加型改革の原点を探る―』東北大学出版会：142-155.

第4章　渡部岳陽（2022）「集落営農の統合と農業構造変動～九州北部平坦水田地帯、佐賀県白石町を事例として～」『土地と農業』（52）：22-34.

第5章　書き下ろし

終　章　書き下ろし

補論1　渡部岳陽（2021）「農地中間管理事業の実績と農地政策の方向」工藤昭彦・角田毅編著『農地政策と地域農業創生―参加型改革の原点を探る―』東北大学出版会：85-102.

補論2　渡部岳陽（2020）「東北における農地中間管理事業の取り組みの特徴と課題―秋田県の事例を対象として―」『農業問題研究』51（2）：10-20.

渡部岳陽（2021）「農地中間管理事業を検証する―地域の実態を踏まえて：東北・秋田県の事例」『農業と経済』87（1）：51-55.

　本書の執筆に至るまで、本当に多くの方からご支援・ご指導をいただいた。調査を受け入れていただいた農業者・関係機関の皆様、そして貴重な示唆や叱咤激励をいただいた大学・研究機関の皆様に対して、心より御礼申し上げ

る。この場で一人ひとりのお名前を全て挙げることは差し控えるが、著書を完成にこぎ着けることができたのは、これまでの「出会い」の積み重ねのおかげである。まさに「出会いこそすべての始まり」である。

　さて筆者は、長きにわたる東北大学大学院における院生生活を終えた後、農林水産省農林水産政策研究所（以下、政策研）、秋田県立大学、九州大学に職を得て、今日に至っている。まず、著者が大学院在籍時にお世話になった東北大学農業経済学分野の教職員そして大学院生・学生の皆様に心より御礼申し上げたい。

　大学院修了後、旧農業総合研究所から改組して間もない政策研において、2003年8月から2005年7月までの2年間、任期付き研究員として濃密かつ充実した時間を過ごすことができた。当時の政策研は、一流の農業経済学研究者が集う「梁山泊」としての雰囲気を色濃く残しており、名物の「定例研究会」では、私の甘っちょろい研究テーマ設定や分析内容に対して的確かつ容赦のない指摘を受けたことを今でも鮮明に思い出すことができる。政策研時代にお世話になった上司・同僚・職員の皆様に心より感謝申し上げる。

　続いて職を得た秋田県立大学では、2006年4月から2019年9月まで13年半にわたりお世話になった。集落営農に関する研究を始めたのも秋田に異動した頃からである。秋田県立大学の特徴の一つは、「県立大学」として地域からの要望に応え、社会貢献活動を積極的に行っていたことである。「研究者として現場の役に立ちたい」と考えていた自分にとって、「秋田を魅力ある地域にしたい、持続可能な地域にしたい」と考え熱心に活動している現場の方から持ちかけられる協力依頼を断る理由はなく、秋田では地域貢献活動にも精を出した。代表的なものが、NPO法人あきた菜の花ネットワークを母体とした菜の花プロジェクト活動、秋田県の農民・市民で構成されている運動団体「秋田農村問題研究会」の運営、次世代農業経営者ビジネス塾の立ち上げと運営などである。これらを通じて、学内外を含めて沢山の方々と出会い、一緒に活動することができた。そこで得た経験と築いた人脈は私にとって一生の宝である。お世話になった関係者の皆様に心より御礼申し上げたい。

159

そして2019年10月からは東北・秋田から九州大学へ異動し、現在に至っている。水田農業が盛んであり、冬もそれなりに寒い九州北部は東北からやって来た自分にとってそれほど違和感がなかったが、裏作麦が作付けられた冬季の青々とした田んぼには深く感動した。九州において盛んに行われている水田二毛作については、私の現在の研究課題へとつながっている。右も左も分からなかった自分が九州大学という新しい環境でつつがなく教育・研究活動を行えているのも、大学の同僚そして職員の皆様のおかげである。記して感謝申し上げたい。

　続いて、研究者人生を歩む自分が特にお世話になった方をここで紹介し、お礼を申し上げたい。

　一人目は、河相一成先生（東北大学名誉教授）である。著者は東北大学農学部に入学し、学部時代は作物学研究室に所属していた。そんな自分にとって人生の転機となったのが、河相先生による学部３年次の講義「食糧需給管理学」であった。我が国における極端に低い食糧自給率、新たな食の貧困という問題について、政治経済学の視点から鋭く分析・説明された名著『食卓から見た日本の食糧』（新日本新書、1986年）をもとに、縦横無尽に展開された講義内容に目が釘付けになったことを今でも思い出すことができる。この講義との出会いがなければ、農業経済学への関心が湧くこともなかったように思う。著者を研究者への道に導いてくれた河相先生はまさに人生の師ともいえる存在であり、感謝してもしきれない。河相先生は2021年10月に逝去された。改めて心よりご冥福をお祈りしたい。

　二人目は、大学院進学後、博士号習得に至るまで直接指導を仰いだ工藤昭彦先生（東北大学名誉教授）である。工藤先生からは、普段は自由な研究生活を促され、ゼミ等での「成果」発表時に徹底的に突っ込まれた（現在も同様である）。いつも問われたのが研究の「核心」部分——どんな問題意識に立脚して何を明らかにしたいのか、それを明らかにすることにどんな意味があるのか——である。研究に唯一の解はないが、解は研究者本人が自力で探し当てなくてはならないものである。先人の成果をふまえることも必要だが、

あとがき

自分自身の問題意識に立脚した「問」を立てることこそが最も重要であるとの指導をいただいた。そして工藤先生の口癖「動機が不純なことはするな」は、今なお著者の人生における行動指針になっている。心より感謝申し上げたい。

　三人目は、秋田県立大学においてご指導をいただいた佐藤了先生（秋田県立大学名誉教授）である。佐藤先生は研究に対して優しくも厳しい指導をいただいた上司であると同時に、先に触れた地域貢献活動を一緒に行った同志でもあった。佐藤先生からは、研究者が現場に関わることの大切さについて教わった。記して感謝申し上げたい。

　その一方で、「研究者として現場の役に立つ」ことの難しさも知った。確かに、私は地域貢献活動に携わることによって「自分は現場のために役立っている」と思っていた。しかし、今でも忘れられないことがある。学生の卒業研究で農業の現場においてアンケートを実施した際に、ある農家からお叱りの電話をいただいた。アンケート実施が年の暮れであり、十分な根回しを怠っていたという問題はあったのだが、電話の趣旨はこうである。「大学の先生方は現場に来ても情報やデータを持って行くだけで、農業の現場が良くなったためしはない」。その地域では集落営農を設立し、彼自身もその中心メンバーであったわけだが、米価が低迷し、米以外の作物も何を作ればよいか展望が見えない中で、そうした発言になったのだと思う。こうした苦い記憶を持っている自分にとって「現場の役に立っている」という実感は、自分を正常に保つための免罪符になっていたように思う。しかし「現場の役に立っている」のは本当なのか。「研究者としてレベルアップ」してこそ「地域の役に立てる」のではないか。研究者とは何か。それは独自の視点・視角をもち、遠くまで見通せる（それが当たっているかどうかは別として）目を持っている人のことを指すのだと思う。農業・農村の現場においてはそこで活動している人がもっとも現場に詳しいのは当然である。地域の問題を解決したいのであれば、大学を離れ実践者として現場に関わることも一つの方法である。しかし、自分にはそれだけの覚悟も勇気もない。であれば、大学に

161

身を置く者として、研究者としての資質を高めることが自分のやるべき最優先事項なのではないか。こう思うようになったことも、秋田県立大学から九州大学へ異動した理由の一つである。

　最後は現在の同僚でもあり上司でもある磯田宏先生（九州大学教授）である。九州大学に異動する前は、同じ研究分野・学会において常々畏敬の念をもって接してきた研究者の中の研究者である。講義内容、学生への研究指導、ゼミ時での発言など、まさにロールモデルとすべき人物であり、自分が研究者としてレベルアップしていくために、これほど相応しい職場環境はなかった。磯田先生が退職されるまでの時間は少ないが、できるだけ多くのことを学びたいと思う。九州大学において同僚となれたことに改めて感謝申し上げたい。

　さて繰り返しになるが、今現在、私は大学に勤めながら、教育・研究を行っている。農業・農村の現場に入る度に、現場が直面する深刻な状況に胸を締め付けられると同時に、それに対抗する現場の努力と実践に目を見開かされている。自分自身も前向きかつ冷静な心を持ちながら資質向上に励むとともに、諦めることなく、農村住民のみならずこの国に暮らす全ての人々が幸せになれるような社会づくりに関わっていければと思う。

　本書の出版に際しては、筑波書房の鶴見治彦社長には大変お世話になった。また、本書に収録された研究成果は、科学研究費助成事業JP22380123（研究代表者：佐藤了先生）、JP15H04554・JP19H03063（同：安藤光義先生）、JP24780218・JP19K06278・JP22K05868（同：筆者）、以上の助成を受けている。

　最後に、「行き当たりばったり」に研究者の道を歩み始めた私を辛抱強く見守ってくれた両親、大学院時代から公私両面で論文執筆をサポートしてくれた妻、そしていつも笑顔で応援してくれた娘に深く感謝したい。

2024年11月

渡部　岳陽

著者紹介

渡部 岳陽（わたなべ　たかあき）

九州大学大学院農学研究院　准教授

1974年宮城県生まれ。1996年東北大学農学部卒業。2003年東北大学大学院農学研究科博士課程単位取得退学後、東北大学大学院農学研究科助手、農林水産省農林水産政策研究所研究員、秋田県立大学生物資源科学部助教、同准教授を経て、2019年より現職。博士（農学）。
専門は農業構造論、農業政策論。

主な著書
『農地政策と地域農業創生—参加型改革の原点を探る—』（共著）東北大学出版会、2021年
『食料・農業・農村の六次産業化』（共著）農林統計協会、2018年
『転換期の水田農業—稲単作地帯における挑戦—』（共著）農林統計協会、2017年
『農業構造変動の地域分析』（共著）農山漁村文化協会、2012年
『集落営農の再編と水田農業の担い手』（共著）筑波書房、2011年
『集落営農の持続的な発展を目指して—集落営農立ち上げ後—』（共著）、全国農業会議所、2006年

枝番集落営農の展開と政策課題

2024年11月22日　第1版第1刷発行

　　　　著　者　　渡部 岳陽
　　　　発行者　　鶴見 治彦
　　　　発行所　　筑波書房
　　　　　　　　　東京都新宿区神楽坂2－16－5
　　　　　　　　　〒162－0825
　　　　　　　　　電話03（3267）8599
　　　　　　　　　郵便振替00150－3－39715
　　　　　　　　　http://www.tsukuba-shobo.co.jp

　　　定価は表紙に示してあります

印刷／製本　平河工業社
© 2024 Printed in Japan
ISBN978-4-8119-0685-0 C3061